MOHAMMED BENSLIMANE

Fito-purificação

MOHAMMED BENSLIMANE

Fito-purificação

Conceito, processo e ensaios experimentais

ScienciaScripts

Imprint

Any brand names and product names mentioned in this book are subject to trademark, brand or patent protection and are trademarks or registered trademarks of their respective holders. The use of brand names, product names, common names, trade names, product descriptions etc. even without a particular marking in this work is in no way to be construed to mean that such names may be regarded as unrestricted in respect of trademark and brand protection legislation and could thus be used by anyone.

Cover image: www.ingimage.com

This book is a translation from the original published under ISBN 978-620-6-72335-6.

Publisher:
Sciencia Scripts
is a trademark of
Dodo Books Indian Ocean Ltd. and OmniScriptum S.R.L publishing group

120 High Road, East Finchley, London, N2 9ED, United Kingdom
Str. Armeneasca 28/1, office 1, Chisinau MD-2012, Republic of Moldova, Europe
Printed at: see last page
ISBN: 978-620-8-24036-3

Conteúdo

Mohammed BENSLIMANE

Docente-investigador Fac. SNV- Laboratório de geomática, ecologia e ambiente. Universidade de Mascara, B.P n°305, Mascara, Argélia. Correio eletrónico: med_benslimane@yahoo.fr

A fitodepuração, como processo de tratamento de águas residuais para pequenas aglomerações com baixa carga poluente, tem demonstrado amplamente o seu desempenho em muitos países do mundo. Na Argélia, poucas tentativas foram feitas em termos de investimento, preferindo-se desenvolver a investigação em pilotos experimentais. O nosso laboratório efectuou dois estudos deste tipo: um modelo à escala reduzida, instalado na exploração experimental da Universidade de Mascara, e um piloto à escala real em Brezina (El Bayadh). As TME são armazenadas num tanque de acabamento antes de serem recicladas para a irrigação das culturas. Devido aos seus resultados significativos e encorajadores, o processo de fitodepuração oferece uma oportunidade plenamente justificável para contribuir para o desafio da poupança de água e da gestão eficiente da água, particularmente em pequenas comunidades. O objetivo deste livro é esclarecer este processo de purificação ecológica, seguido de um exemplo de cálculo de dimensionamento.

INTRODUÇÃO

Conscientes da importância da proteção do ambiente no âmbito de um desenvolvimento sustentável, nos últimos anos têm sido envidados grandes esforços para o tratamento das águas residuais, mas as técnicas utilizadas ainda estão longe de satisfazer todas as necessidades.

Atualmente, esta ambiguidade coloca um problema de poluição e de saúde pública, uma vez que a experiência mostra que as tecnologias intensivas inicialmente desenvolvidas para utilização nas zonas urbanas não são necessariamente adaptadas às zonas semi-urbanas e rurais, que representam cerca de 40% da população.

As desvantagens apontadas pelos gestores das pequenas colectividades locais são várias (custos de investimento elevados, falta de conhecimentos tecnológicos, dificuldades de gestão local, etc.).

Em contrapartida, a revolução na regulamentação do tratamento das águas residuais em termos de normas para a descarga de águas residuais no meio natural recorda-nos a necessidade de um ***tratamento adequado*** dessas descargas para todas as actividades poluentes, a fim de assegurar tanto o ambiente imediato como a proteção dos recursos hídricos subterrâneos e dos cursos de água naturais.

Os objectivos esperados do tratamento das águas residuais incluem também um aumento substancial do recurso e da sua reciclagem no circuito económico da água, nomeadamente para as necessidades das culturas menos agrícolas.

Face aos desafios combinados do espetro de uma escassez de água exacerbada pelas alterações climáticas, por um lado, e do estado cada vez maior de degradação ambiental, por outro, a utilização de sistemas ecológicos de tratamento de águas residuais está a tornar-se cada vez mais popular devido ao seu desempenho de purificação, às suas vantagens em termos de operação e manutenção e aos seus custos de investimento mais baixos para pequenas comunidades urbanas e rurais.

Entre estes sistemas ecológicos, ***a fitopurificação***, ou seja, os filtros vegetais fabricados a partir de plantas macrófitas e microfíticas, suscita atualmente um interesse crescente, nomeadamente devido à sua facilidade de instalação e aos meios disponíveis para a criação de sistemas autónomos individuais e/ou colectivos de tratamento de águas residuais.

Este livro pretende ser uma contribuição para o conhecimento deste processo, que se revelou eficaz em muitos países devido à sua simplicidade. No caso argelino, os condicionalismos de espaço e de insolação não se colocam, daí o interesse em desenvolvê-lo em pequenas cidades com uma carga poluente reduzida.

A estrutura do livro está dividida em duas partes complementares, uma que trata de ensaios laboratoriais com material didático muito instrutivo destinado a estudantes de pós-graduação, e outra mais espacial, realizada em escala real para uso profissional.

O objetivo deste trabalho é demonstrar este sistema de fitodepuração, com a ajuda de pilotos experimentais instalados na Faculdade SNV da Universidade de Mascara, utilizando diferentes formas de circulação das águas residuais através de uma série de bacias plantadas. O método consiste em utilizar espécies vegetais locais (juncos, typha, juncos, íris, lentilha d'água) plantadas em filtros, passando as águas residuais por uma série de bacias.

O desempenho da depuração é avaliado através de análises físico-químicas e bacteriológicas à entrada e à saída da instalação piloto experimental. A título informativo, os resultados são também comparados com os da estação lagunar de El Keurt.

O princípio adotado para a instalação piloto experimental de Brezina baseia-se na construção de dois processos de tratamento. O primeiro (A) consiste num fluxo horizontal de águas residuais através de três lagoas em série. O segundo (B) tem um fluxo horizontal sub-superficial. Os dois processos encontram-se num tanque tampão, que é utilizado para armazenamento antes da reutilização num arboreto de espécies forrageiras com 5 hectares.

O projeto-piloto, realizado no âmbito de uma parceria argelino-italiana de luta contra a desertificação, limita-se a tratar uma fração (30%) das águas residuais descarregadas pela povoação oásis de Brezina (El Bayadh). O processo de tratamento está equipado com um desvio das águas residuais da cidade, um tanque de sedimentação primária (tipo *Imhoff*) e uma máquina de crivagem para eliminar as matérias sólidas.

Uma câmara de visita de 2.200 mm permite o escoamento por gravidade para os filtros de cascalho e de areia e para as plantas de phragmites (junco comum). Por fim, existe uma válvula para regular e medir o caudal em cada um dos leitos de tratamento. De notar que todos os pontos de ligação das condutas de distribuição de água são acessíveis para assegurar a manutenção das instalações.

Assim, as experiências de fitopurificação realizadas tanto à escala reduzida como à escala natural apresentam uma alternativa eficaz para o tratamento das águas residuais em benefício das comunidades locais, que deve ser desenvolvida e generalizada, nomeadamente nos ecossistemas de montanha e de oásis.

Capítulo I

INFORMAÇÕES GERAIS SOBRE A DEPURAÇÃO

Introdução

O tratamento das águas residuais sempre foi considerado do ponto de vista da redução de uma carga poluente, seja ela orgânica, particulada ou ligada à presença de germes patogénicos.

Um dos aspectos mais importantes de um processo deste tipo é, sem dúvida, a eficácia do tratamento que caracteriza as águas residuais, apesar da considerável complexidade dos parâmetros físicos, químicos, biológicos e mecânicos que as influenciam.

A escolha dos métodos de tratamento depende de uma série de factores, sendo os mais importantes a qualidade do efluente, a dimensão da instalação e os requisitos de qualidade das águas residuais em termos da sua reutilização no ciclo económico da água.

1.1 Definição de águas residuais

As águas residuais são todas as águas provenientes de actividades domésticas, agrícolas e industriais, carregadas de substâncias tóxicas e que chegam às canalizações de esgotos. As águas residuais incluem também as águas pluviais e a sua carga poluente, que causam todo o tipo de poluição e incómodo no meio recetor [1].

1.2 Fontes de águas residuais

As águas residuais urbanas são constituídas por águas residuais domésticas (lavagem do corpo e da roupa, lavagem de instalações, água de cozedura) e águas negras contendo fezes e urina. Todos estes efluentes são mais ou menos diluídos pelas águas de lavagem das estradas e pelas águas pluviais [2].

Consoante os casos, podem também ser incluídas as águas de origem industrial e agrícola. As águas assim recolhidas numa rede de esgotos apresentam-se como um líquido turvo, geralmente acinzentado, contendo matéria em suspensão de origem mineral e orgânica em concentrações extremamente variáveis. De acordo com [3], as águas usadas são as águas descarregadas após utilização industrial, doméstica ou agrícola.

1.2.1 Origem nacional

Trata-se de água poluída por todas as actividades domésticas, ou seja, em casa. Podemos distinguir :

• Águas cinzentas: são as águas dos duches e das cozinhas. Contém geralmente gorduras, tensioactivos (sabões, detergentes em pó), solventes, resíduos alimentares, etc.

• Água negra: é a água da sanita. É constituída por fezes, urina e papel [4].

1.2.2 Origem industrial

Os resíduos e os efluentes industriais determinam em grande parte a qualidade e a taxa de poluição destas águas residuais. Os estabelecimentos industriais utilizam uma grande quantidade de água que, embora necessária ao seu bom funcionamento, só é consumida numa pequena parte, sendo a restante descarregada. As principais descargas industriais foram classificadas de acordo com a natureza dos danos que causam:

• Poluição devida a matéria mineral em suspensão (lavagem de carvão, exploração de pedreiras, peneiração de areia e gravilha, indústrias de adubos fosfatados....);

• Poluição por soluções minerais (instalações de decapagem e galvanização, etc.);

• Poluição por matéria orgânica e gorduras (indústrias de transformação de alimentos, transformação de carne, pasta de papel, etc.);

• Poluição por vários hidrocarbonetos e produtos químicos (refinarias de petróleo, explorações de suínos, produtos farmacêuticos   );

• Poluição por descargas tóxicas (resíduos radioactivos não tratados, efluentes radioactivos de indústrias nucleares....).

As águas residuais industriais têm geralmente uma composição mais específica, diretamente relacionada com o tipo de indústria em questão. Independentemente da carga de poluição orgânica ou mineral, e do facto de serem ou não putrescíveis, podem ter caraterísticas de toxicidade próprias ligadas aos produtos químicos transportados [2].

1.2.3 Origem agrícola

Trata-se de água utilizada para fins agrícolas. Esta não é a primeira água que nos vem à cabeça quando pensamos em saneamento, embora represente uma grande maioria: de facto, 70% da água retirada do ambiente natural é consumida para fins agrícolas, de acordo com a Organização das Nações Unidas para a Alimentação e a Agricultura. Por exemplo

- Água láctea branca
- Água de estrume
- Águas de drenagem, etc. [4].

1.2.4 Origem da precipitação

A água da chuva contém impurezas. Pode ser poluída pela poluição atmosférica (por exemplo, chuva ácida). Além disso, quando atinge os telhados e o solo, escorre e leva consigo tudo o que encontra pela frente. Desta forma, podem degradar a qualidade dos cursos de água.

1.3 Caracterização das águas residuais

Nesta secção, serão apresentados os principais parâmetros físico-químicos analisados durante a fase experimental, bem como os parâmetros bacteriológicos mais comuns nas águas residuais.

1.3.1 Parâmetros físicos

a) Cor: As águas residuais frescas são normalmente castanhas e amareladas, mas com o tempo tornam-se pretas.

b) Matéria em suspensão: é a matéria sólida insolúvel suspensa num líquido e visível a olho nu.

c) Temperatura: Para as águas residuais, esta é corrigida para a temperatura exterior, mas é mais quente porque quase ninguém toma um duche frio.

d) Turbidez: Devido à matéria em suspensão, as águas residuais terão uma turbidez mais elevada.

e) Potencial de hidrogénio (pH)

A acidez, a neutralidade ou a alcalinidade de uma solução aquosa podem ser expressas pela concentração de H3O + (notado H+ para simplificar). Para facilitar esta expressão, utilizamos o logaritmo decimal do inverso da concentração do ião H+: é o pH [5].

$$\mathbf{pH = \log 1/\ [H\ +]}$$

f) Condutividade

É a propriedade da água de favorecer a passagem de uma corrente eléctrica. É devida à presença no meio de iões que são móveis num campo elétrico. Depende da natureza destes iões dissolvidos e das suas concentrações [6]. [2]A condutividade eléctrica da água é a condutância de uma coluna de água entre dois eléctrodos metálicos de 1 cm. A unidade de condutividade é o siemens por metro (S/m).

$$\mathbf{1\ S/m = 104\ pS/cm = 103\ mS/m\ [7]}$$

g) Carência química de oxigénio (CQO)

É uma medida da quantidade de matéria orgânica nas águas residuais em função do oxigénio necessário para a oxidar (1H2O3).

h) Carência bioquímica de oxigénio (CBO)

Em termos práticos, a carência bioquímica de oxigénio deve permitir avaliar a carga de substâncias putrescíveis do meio em questão, a sua capacidade de autolimpeza e deduzir a carga máxima aceitável, principalmente na fase de tratamento primário das estações de tratamento de águas residuais [2].

A carência bioquímica de oxigénio após 5 dias (CBO5) de uma amostra é a quantidade de oxigénio consumida pelos microrganismos aeróbios presentes nessa amostra para a oxidação bioquímica de compostos orgânicos e/ou inorgânicos [7].

i) Nitratos

Os nitratos encontram-se naturalmente na água, em grande parte devido ao escoamento do solo que constitui a bacia hidrográfica. As suas concentrações naturais não excedem os 3 mg/l nas águas superficiais e alguns mg/l nas águas subterrâneas.

A natureza das zonas de drenagem desempenha, portanto, um papel fundamental na sua presença, e a atividade humana acelera o processo de enriquecimento das águas com nitratos [7].

Os níveis de nitratos têm vindo a aumentar nos últimos anos, entre 0,5 e 1 mg/l/ano, e mesmo 2 mg/l/ano em algumas regiões. Há várias razões para este aumento:

* *Agricultura*: agricultura intensiva com utilização maciça de fertilizantes azotados e descargas de efluentes da pecuária. Esta fonte é responsável por 2/3 das entradas de nitratos no ambiente natural;
* *Urbana*: descarga de águas residuais de estações de tratamento de águas residuais em que a eliminação do azoto não é total e que podem descarregar nitratos ou iões de amónio que serão transformados em nitratos no ambiente natural. Esta fonte representa 2/9 das entradas;
* *Industrial*: resíduos da indústria mineira, nomeadamente do fabrico de adubos azotados. Esta fonte representa 1/9 das entradas [6].

j) Nitrogénio

O azoto na água pode ser orgânico ou mineral. O azoto orgânico é constituído principalmente por compostos como as proteínas, os polipéptidos, os aminoácidos e a ureia. Na maioria dos casos, estes produtos estão presentes apenas em concentrações muito baixas. O azoto mineral (amoníaco, nitrato, nitrito) representa a maior parte do azoto total [2].

k) Fósforo

O fósforo está naturalmente presente em quantidades muito pequenas no solo e na água. Uma concentração elevada de fosfatos pode levar à proliferação de algas, que são um nutriente para as plantas. As algas são responsáveis pela eutrofização das águas estagnadas.

No entanto, o fósforo é o fator limitante que pode ser eficazmente controlado para reduzir a eutrofização.

De acordo com um estudo, 1g de fosfato-fósforo (PO4-P) pode causar uma proliferação de 100g de algas. Quando estas algas morrem, necessitam de cerca de 150 g de oxigénio para se decomporem. Este fenómeno começa com concentrações muito baixas de P-PO4:

* 0,1-0,2 mg/l em água corrente
* 0,005-0,01 mg/l em águas estagnadas.

As formas químicas do fósforo nas águas residuais variam muito. Podem ser solúveis ou particulados, minerais ou orgânicos.

Fósforo Total = Fósforo Particulado + Fósforo Dissolvido = Fósforo Mineral + Fósforo Orgânico

Para cumprir os limiares recomendados, é necessário um processo de eliminação do fósforo nas estações de tratamento de águas residuais. ₂Este processo pode ser químico ou biológico, e muitas vezes ambos (H o3).

l)   Sulfato

A concentração de iões sulfato na água natural é muito variável. Em solos que não contêm uma proporção significativa de sulfatos minerais, pode ser tão baixa como 30 a 50 mg/L, mas este valor pode ser muito excedido (até 300 mg/L) em áreas que contêm gesso ou quando o tempo de contacto com a rocha é elevado.

O teor de sulfatos da água deve estar relacionado com os elementos alcalinos e alcalino-terrosos da mineralização. A sua presença na água deve-se geralmente às descargas das fábricas de branqueamento (lã, seda, etc.), das fábricas de celulose (pasta de papel, etc.) e das unidades de cloração.

As propriedades redutoras dos sulfitos são também utilizadas na água da caldeira para evitar a corrosão causada pela presença de oxigénio dissolvido; a injeção no circuito é normalmente contínua a uma concentração de 20 mg/l.

No entanto, um excesso de iões de sulfito na água da caldeira pode ter efeitos nocivos porque reduz o pH e pode então promover a corrosão. Quando libertados no ambiente, os sulfitos combinam-se com o oxigénio para formar sulfatos [2].

I.3.2 Parâmetros bacteriológicos

As bactérias estão omnipresentes na natureza, pois foram provavelmente os primeiros seres vivos a aparecer na Terra (arqueobactérias). Apenas algumas dezenas de espécies estão adaptadas aos seres humanos: a maioria é inofensiva ou mesmo útil, sendo comensais e fazendo parte da flora cutânea, digestiva, oral e genital; algumas são patogénicas, oportunistas; uma minoria é regularmente patogénica [2].

O principal indicador bacteriano para monitorizar a poluição fecal é o grupo de microrganismos patogénicos do grupo coliforme, por exemplo, Salmonella, Giardia lamblia, Escherichia col... etc. [8].

a)   Coliformes fecais

Os coliformes fecais, ou coliformes termotolerantes, são um subgrupo de coliformes totais capazes de fermentar a lactose a uma temperatura de 44,5°C. A espécie mais frequentemente associada a este grupo bacteriano é a *Escherichia coli* (*E. coli*) e, em menor grau, certas espécies dos géneros *Citrobacter*, *Enterobacter* e *Klebsiella* [9].

No entanto, *E. coli* representa 80-90% dos coliformes termotolerantes detectados [10]. Embora a presença de coliformes fecais geralmente indique contaminação de origem fecal, vários coliformes fecais não são de origem fecal, mas sim provenientes de água enriquecida com matéria orgânica, tais como efluentes industriais dos sectores de papel e celulose ou processamento de alimentos [11] (Fig.1).

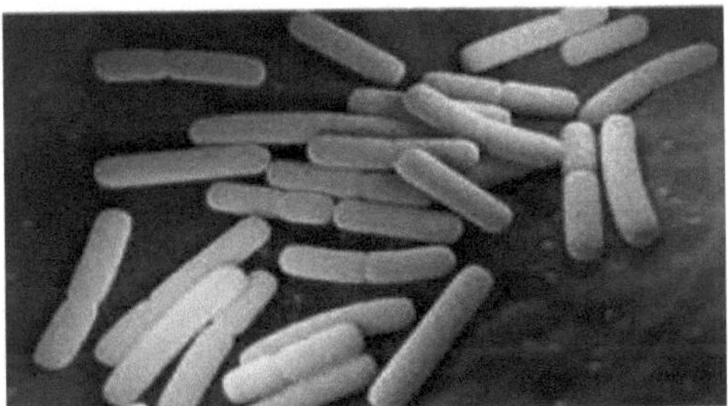

Figura 1 - Vista microscópica de coliformes fecais.

b) Enterococos

Os enterococos são bactérias Gram-positivas que se apresentam sob a forma de diplococos ou de cadeias de conchas. São anaeróbios facultativos, imóveis e não possuem cápsula.

Estes germes são pouco exigentes e podem sobreviver em condições hostis, tais como ambientes altamente alcalinos ou ricos em sais (por exemplo, sais biliares), ou temperaturas extremas (10°C a 60°C). Podem também sobreviver durante longos períodos em todos os tipos de superfícies [12].

Na água, são indicadores de contaminação fecal, como os colibacilos (Fig.2).

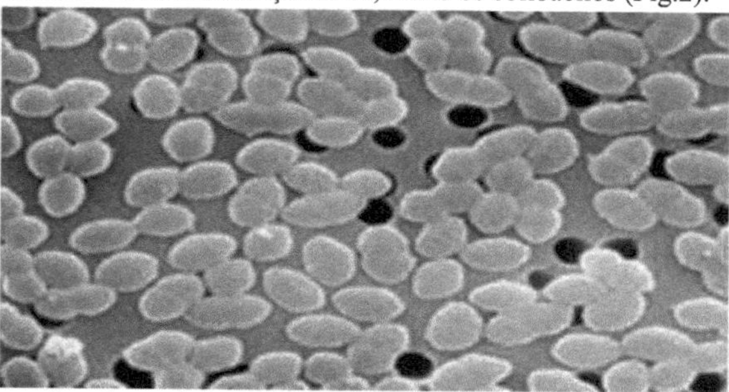

Figura 2 - Observação microscópica de enterococos

c) Bactérias redutoras de sulfato

As bactérias redutoras de sulfato são bactérias anaeróbias, como o Desulfovibrio; são os sulfatos que substituem o oxigénio para a respiração celular. Durante o metabolismo, os sulfatos são reduzidos a sulfuretos.

Estes sulfuretos podem causar corrosão, conhecida como bio-corrosão, particularmente em estacas-pranchas e tanques de hidrocarbonetos [7]. (Fig.3)

$$^{2+}SO3^{\cdot} + 6H\ 6\ -^{\wedge}\ s2- + 3H2O$$

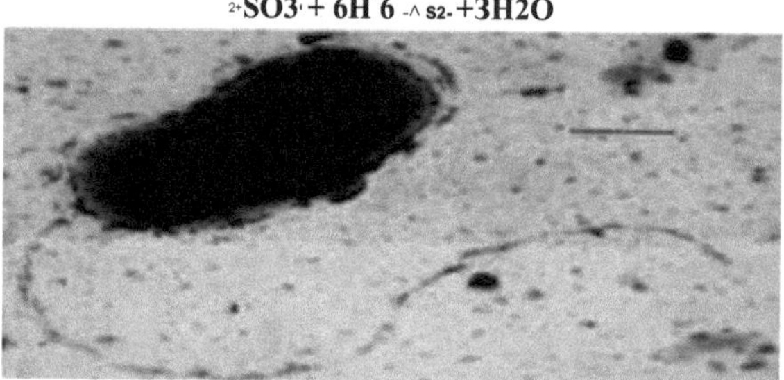

Figura 3 - Vista microscópica de um microrganismo redutor de sulfato.

1.4 Tratamento de águas residuais

A purificação da água é um conjunto de técnicas que envolvem a purificação da água, quer para reutilizar ou reciclar as águas residuais no ambiente natural, quer para transformar a água natural em água potável.

O sector do tratamento de águas residuais preconiza várias técnicas de diferentes níveis tecnológicos, muitas vezes muito sofisticadas, que são ilustradas como sendo métodos clássicos de tratamento, bem como novas técnicas que visam a proteção do ambiente e a salvaguarda do meio natural, como a lagunagem ou a fitodepuração.

1.4.1 Definição de uma estação de tratamento de águas residuais

Trata-se de uma instalação destinada a tratar as águas residuais domésticas ou industriais e as águas pluviais antes de serem descarregadas no meio natural.

O objetivo do tratamento é separar a água das substâncias que são indesejáveis para o ambiente recetor. A primeira tentativa de tratar as águas residuais foi inventada em 1914 por cientistas britânicos [13].

1.4.2 Objectivos e condições (localização de uma ETAR)

- Proteção das águas subterrâneas contra a poluição.
- Impedir os agricultores de irrigar as terras agrícolas com águas residuais.
- Minimizar o risco de doenças transmitidas pela água.
- Poupança significativa de água.
- Evitar a sobre-exploração das águas subterrâneas [13].

A estação de tratamento de águas residuais deve ser construída de acordo com as seguintes condições

- Evitar, na medida do possível, as zonas propensas a inundações.
- Consideração das zonas urbanizadas e potencialmente urbanizáveis devido a odores desagradáveis, doenças transmitidas pelo ar, etc.
- Deve ser localizado a jusante do sistema de esgotos (na saída) para evitar a necessidade de elevação e o consequente custo elevado.
- A estação de tratamento de águas residuais deve estar localizada num ponto onde a recolha de águas residuais seja máxima (por exemplo, um ponto estratégico entre duas áreas construídas).
- A descarga de águas residuais não deve afetar o meio recetor [13].

1.4.3 Riscos associados à estação de tratamento de águas residuais

Sabendo que não existe risco zero, é muito provável que existam alguns riscos numa estação de tratamento de águas residuais, em particular :

- Risco de queda de pessoas na proximidade imediata de equipamentos e materiais.
- Risco de incêndio devido à presença de gases de fermentação ou de resíduos de produtos inflamáveis, necessária ou acidentalmente introduzidos pelas águas residuais.
- O risco de contaminação respiratória.
- Os riscos eléctricos dependem em grande medida dos materiais utilizados nas diferentes instalações e da conceção das mesmas.
- Riscos químicos decorrentes de processos físico-químicos de tratamento de água, condicionamento de lamas e técnicas de desinfeção de efluentes
- Riscos infecciosos devido à presença de uma população microbiana nas águas residuais, que contamina o público na instalação [13].

▶**Principais germes patogénicos encontrados e doenças que provocam** [14].

Quadro 1 - Bactérias susceptíveis de serem transmitidas pelas águas residuais.

Agente da doença	Reservatório	Modo de transmissão
Escherichia coli Gastroenterite	Homens Animais de estimação	Aparelho digestivo (manuporte)
Salmonella sp Febre tifoide e salmonelose	Humanos (portadores saudáveis) Gado infetado - animais infectados - aves	Aparelho digestivo
Shigella sp	Homens	Aparelho digestivo

| Gastroenterite bacilar (disenteria) | Animais de estimação | |
| Brucella sp Brucelose | Bovinos infectados | Contacto direto com a água |

Quadro 2-Vírus susceptíveis de serem transmitidos pelas águas residuais.

Agente Doença	Reservatório	Modo de transmissão
Enterovírus (sp poliovírus) Gastroenterite, problemas cardíacos...	Homens Pequenos animais	Aparelho digestivo
Poliovírus Poliomielite	Homens	Aparelho digestivo
Vírus da hepatite A e E Hepatite	O homem e os primatas	Aparelho digestivo
Gastroenterite por rotavírus	O homem e os animais domésticos	Trato digestivo (fecal/oral)
Adenovírus Doenças respiratórias	O homem e os outros primatas	Transmitido pelo ar (contacto direto)

Quadro 3- Parasitas susceptíveis de serem transmitidos pelas águas residuais.

Doenças causadas por agentes	Reservatório	Modo de transmissão
Protozoários Entamaba histolycita Amebíase Giardia lambilia Giardiose	Pessoas, animais domésticos, animais de estimação	Aparelho digestivo
Helmintas (redondo) Ascaris duodenale Ascaris lumbricoides Ascaridíase Ankylostoma duodenale Ancilostomíase Strongyloides vermicularis Estrongilose Anguilulose	Homens Homens Homem, cão	Aparelho digestivo
Helmintas (vermes chatos) Taenia saginata Tenia Fasciola hepatica Fasciola hepatica	Homens Gado	Aparelho digestivo

1.5 Tratamento de águas residuais

As águas residuais domésticas podem ser tratadas por vários processos baseados em fenómenos físicos, químicos e biológicos, com diferentes graus de purificação e custos, dependendo do nível de qualidade exigido pelo meio recetor.

1.5.1 Etapas do processo de tratamento

a) Pré-tratamento (físico)

O objetivo é eliminar os elementos sólidos mais grosseiros ou as partículas que possam causar um tratamento posterior ou danificar o equipamento. Estes processos de pré-tratamento são: crivagem, remoção de granalha, remoção de óleo e desengorduramento [15].

♦ Degradação

A crivagem, primeira fase do tratamento dos efluentes brutos, é utilizada para reter os resíduos volumosos (flutuantes, limalhas, etc.) através de crivos com malhas de diferentes dimensões. Em função da distância entre as barras do crivo, podem distinguir-se operações como o pré-crivamento, o crivamento médio, o crivamento fino e a crivagem. Se as barras estiverem separadas por uma distância de 30 a 100 mm, designa-se por pré-crivagem.

Segue-se a crivagem média, com barras distanciadas de 10 a 30 mm, e finalmente a crivagem fina, com barras distanciadas de menos de 10 mm. Os crivos podem ser verticais, inclinados de 60° a 80° em relação à horizontal para maior eficácia, ou curvos.

Os crivos finos podem ser escalonados, ou ter um tambor rotativo, um crivo em espiral ou uma cadeia de filtros. As velocidades médias do efluente variam entre 0,60 e 1,40 m/s no caudal máximo. A limpeza é efectuada manualmente a montante, com um ancinho colocado no crivo por um técnico (Fig. 4).

Figura 4 - Desengordurante.

Nas zonas rurais, parece prudente prever uma grelha com barras muito espaçadas. O espaçamento deve ser de 40 a 50 mm e, para compensar a falta de vigilância, deve ser prevista uma derivação com uma grelha de proteção com barras ainda mais largas [16].

♦ **Remoção de areia, gordura e óleo:**

A remoção de granalha consiste na extração de elementos pesados do efluente bruto, tais como mesas de decantação rápida, areia, cascalho e outras partículas minerais, com tamanhos que variam entre 100 e 200   [17].

O desengorduramento é a remoção de partículas gordas não solúveis (10 a 20% das gorduras) por flotação. A remoção de óleos consiste na eliminação dos óleos presentes nas águas residuais industriais por escumação manual ou mecânica [17]. (Fig.5)

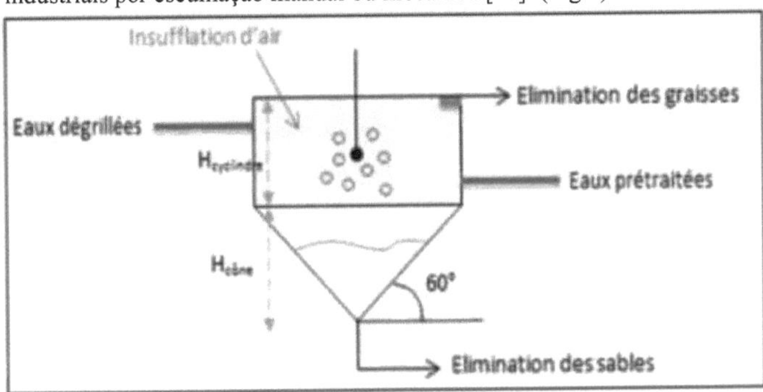

Figura 5 - Remoção de óleo e gordura.

b) Tratamento primário (físico-químico)

- *Decantação:* Trata-se de um processo essencial no tratamento primário, cujo objetivo é :
- retêm uma percentagem significativa de poluição orgânica.
- reduzir a carga do tratamento biológico subsequente.
- reduzir o risco de entupimento dos sistemas de tratamento biológico que utilizam culturas fixas (leitos bacterianos, discos biológicos, etc.).
- eliminam 30% a 35% da CBO e 60% a 90% da matéria sedimentável (para as águas residuais domésticas) [15].

Existem 2 tipos de decantadores:

- *O clarificador convencional:* elimina pelo menos 50 a 60% dos sólidos em suspensão sedimentáveis na água bruta. Reduz as caraterísticas dimensionais a jusante da remoção da poluição carbónica. Este processo de decantação primária pode ser físico ou físico-químico, e o decantador pode ter uma forma retangular, circular ou lamelar [17].

- *O decantador lamelar:* oferece um excelente desempenho de purificação, uma melhor taxa de subida de 10 a 15 m/h no pico de fluxo, um bom tempo de residência de 10 a 12 minutos e ocupa 6 vezes menos espaço do que os outros dois.

As suas caraterísticas são melhores do que as dos decantadores rectangulares e circulares, que são pesados, têm uma velocidade de subida de 2 m/h e um tempo de residência de 0,5 a 2 h [18].

- *Processo Actiflo:* O processo Actiflo consiste em organizar a precipitação em grãos de microareia, decantar num decantador lamelar e reciclar a microareia depois de passar por um hidrociclone. O sistema aumenta a superfície de contacto, o que facilita a formação de flocos e acelera a sua decantação (Fig. 6). Funciona a um ritmo de 60 m/h para o tratamento primário, 50 a 145 m/h para o tratamento terciário e 75 m/h para o tratamento das águas pluviais [17].

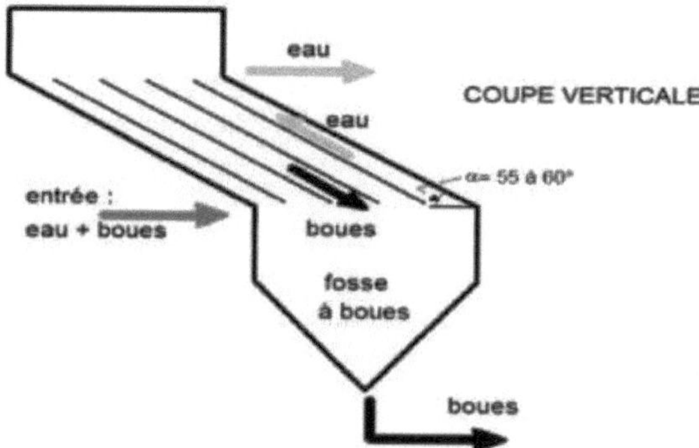

Figura 6 - Esquema de um clarificador lamelar.

- *Procede Densadeg:*

O processo Densadeg consiste na recirculação interna de uma fração do leito de lamas de 100 a 200% (tratamento biológico das lamas activas), rica em nitratos. A fração de lamas é devolvida à entrada do tanque de decantação, onde se mistura com a água coagulada no reator biológico para melhorar o tratamento do azoto e do fósforo. A velocidade de funcionamento ascendente do processo é de cerca de 20 a 30 m/h no tratamento primário e de 17 a 25 m/h no tratamento terciário, velocidades inferiores às do processo Actiflo, mas que podem atingir 40 a 120 m/h no tratamento misto para o processo Densadeg [17]. (Fig. 7)

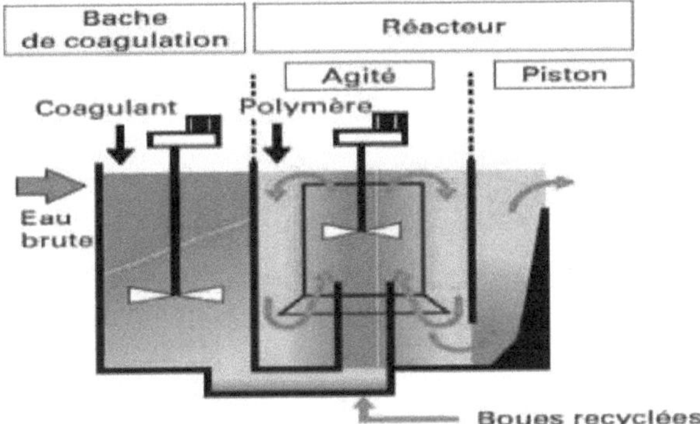

Figura 7 - Diagrama esquemático do processo Densadeg.

Coagulação-floculação

A turvação e a cor da água são causadas principalmente por partículas muito pequenas, conhecidas como colóides. Para eliminar estas partículas, são utilizados processos de coagulação e de floculação: o principal objetivo da coagulação é desestabilizar as partículas em suspensão. O objetivo da floculação é favorecer o contacto entre as partículas desestabilizadas, misturando-as lentamente.

c) Tratamento secundário

O tratamento secundário é mais frequentemente efectuado por via biológica. Um processo físico-químico pode substituí-lo ou, mais frequentemente, ser-lhe acrescentado para promover a floculação e a coagulação das lamas ou, por exemplo, para permitir a fixação de fosfatos trazidos pela utilização de fertilizantes nas actividades agrícolas.

As técnicas mais desenvolvidas para as estações de tratamento de águas residuais urbanas são os processos biológicos intensivos. O princípio subjacente a estes processos é o de localizar e intensificar a transformação e a destruição da matéria orgânica que pode ser observada no ambiente natural.

1.5.2 Técnicas com auxiliares microbiológicos

As técnicas microbiológicas assistidas mais utilizadas resumem-se a três processos: lamas activas, leitos bacterianos e discos biológicos. São também utilizadas técnicas de filtração biológica acelerada (biofiltração).

a) Lamas activas da ETAR

O princípio subjacente às lamas activas consiste em intensificar os processos de auto-purificação existentes nos ambientes naturais.

O processo de "lamas activas" consiste em misturar e agitar as águas residuais brutas com lamas activas líquidas bacteriologicamente muito activas. A degradação aeróbia da poluição ocorre através da mistura íntima dos microrganismos depuradores e do efluente a tratar. As fases de "águas residuais" e de lamas depuradoras são então separadas (Fig.8).

Uma instalação deste tipo implica os seguintes passos:

- Tratamentos preliminares.
- A bacia de ativação (ou bacia de arejamento).
- O clarificador secundário com recuperação de uma parte das lamas.
- Eliminação da água tratada.

- Digestores para o excesso de lamas dos decantadores.

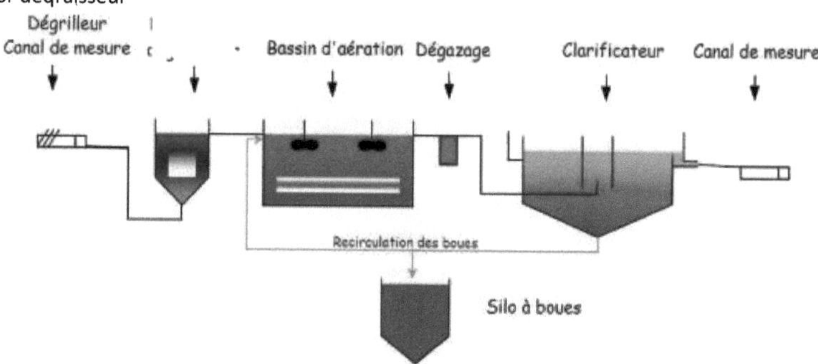

Figura 8 - Processo de tratamento de lamas activas

b) ETAR com leitos bacterianos

O princípio de funcionamento de um leito bacteriano consiste em deixar correr as águas residuais, previamente decantadas, sobre uma massa de material poroso ou cavernoso que serve de suporte aos microrganismos depuradores. O leito bacteriano é constituído por uma massa cilíndrica de seixos ou calhaus de 5 a 10 cm de dimensão. A altura da camada situa-se entre 1,5 e 2,1 m.

O leito bacteriano deve estar equipado com um sistema de aspersão por cima do leito e um sistema de drenagem e arejamento por baixo do leito (Fig. 9).

Existem dois tipos de camas bacterianas:

- Leito bacteriano de fase única.
- Leito bacteriano com duas fases de filtração.

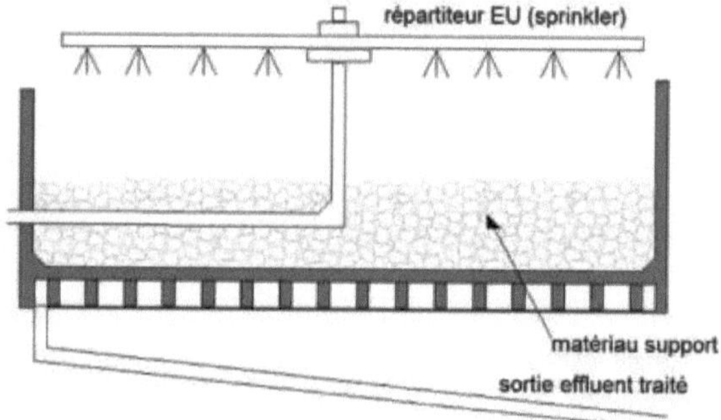

Figura 9 - Processo de tratamento com leito bacteriano.

O arejamento é efectuado através de correntes de ar naturais ou de ventilação forçada. O objetivo é fornecer o oxigénio necessário para manter as bactérias aeróbias em bom estado de funcionamento. Os poluentes contidos na água e o oxigénio do ar difundem-se contra a corrente através da película biológica até aos microrganismos assimiladores.

O biofilme contém bactérias aeróbias na superfície e bactérias anaeróbias no fundo. Os subprodutos e o dióxido de carbono produzidos pelo processo de purificação são libertados nos fluidos líquidos e gasosos.

c) Descarga biológica ETAR

Outra técnica que utiliza culturas fixas é a dos discos biológicos rotativos. Os microrganismos desenvolvem-se e formam uma película biológica na superfície dos discos. Como os discos estão semi-submersos, a sua rotação oxigena a biomassa fixa. Para este tipo de instalação, é importante garantir que :
- A fiabilidade mecânica da armadura (arranque suave, boa fixação do suporte ao veio).
O dimensionamento da superfície do disco (deve ser efectuado com grandes margens de segurança).
O disco biológico é constituído por uma série de discos de plástico com uma superfície ondulada de cerca de 3 metros de diâmetro, montados num eixo horizontal. Estes discos são imersos a 40% numa bacia que contém a água a tratar. Os discos estão suficientemente espaçados para permitir a livre circulação da água.
A película biológica que cobre os discos está alternadamente em contacto com as águas residuais e com o ar. O excesso de biomassa nos discos é evacuado com o efluente e depois decantado. Este processo de tratamento é recomendado para cidades de 300 a 2000 habitantes equivalentes (Fig.10).

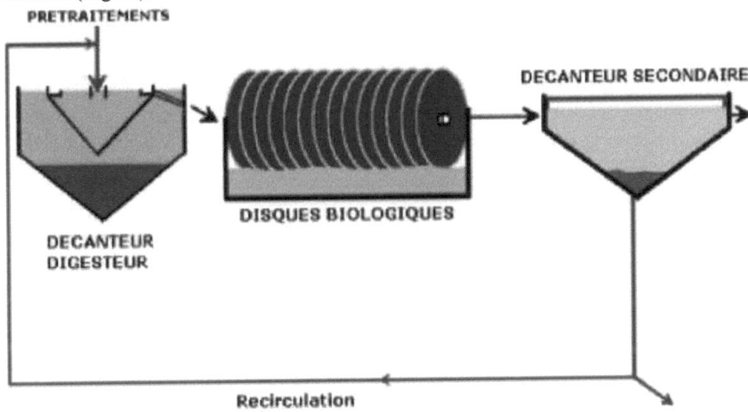

Figura 10 - Funcionamento de uma estação de discos biológicos.

De um modo geral, os discos rodam lentamente no tanque e, à medida que passam pelas águas residuais, a matéria orgânica é absorvida pela bio-filme ligada ao disco rotativo. A acumulação de matéria orgânica nos discos aumenta a sua espessura e forma uma camada de lamas. Quando os discos são expostos ao ar, o oxigénio é absorvido, promovendo o crescimento desta biomassa.
Quando este último é suficientemente espesso (cerca de 5 mm), uma certa quantidade desprende-se e deposita-se no fundo da unidade. As fases alternadas de contacto com o ar e com o efluente a tratar, juntamente com a rotação do suporte, permitem a oxigenação do sistema e o desenvolvimento da cultura bacteriana.
Durante a fase submersa, a biomassa absorve a matéria orgânica, que degrada por fermentação aeróbia, utilizando o oxigénio atmosférico da fase emergida. Os materiais utilizados são cada vez mais leves (geralmente poliestireno expandido) e a superfície real desenvolvida é cada vez maior (disco plano ou alveolar).
As vantagens do processo de purificação por disco biológico são :

-   A facilidade de utilização.
-   Elevada percentagem de eliminação de CBO.
-   Boa decantabilidade das lamas produzidas.

I.5.3 Tratamento terciário

Algumas descargas de água tratada estão sujeitas a regulamentos específicos relativos à eliminação de azoto, fósforo ou germes patogénicos, que exigem a implementação de tratamentos terciários [20]. Este abrange todas as operações físicas e químicas que completam os tratamentos primário e secundário.

a) Eliminação do azoto :

As estações de tratamento de águas residuais eliminam apenas cerca de 20% do azoto presente nas águas residuais através de tratamentos de nitrificação-desnitrificação.

Para cumprir as normas de descarga em zonas sensíveis, podem ser utilizados processos físicos e físico-químicos adicionais para eliminar o azoto através de eletrodiálise, resinas de permuta iónica e remoção de amoníaco, mas estes tratamentos não são utilizados para tratar águas residuais urbanas, por razões de eficiência e custo [20].

O azoto é geralmente eliminado por um processo biológico em duas fases importantes.

Nitrificação: é um processo que ocorre sob a ação de certos microrganismos específicos e que leva à transformação de amoníaco (ou amónio) em nitrato em duas (2) fases:

-   Nitrosação por bactérias nitrosas aeróbias (nitrosomonas)
-   Nitração por bactérias nitrificantes aeróbias (nitrobacter).

A nitrificação é uma das fases do tratamento das águas residuais, que tem por objetivo converter o amónio (NH_4) em nitrato (NO). Esta transformação é realizada por bactérias num ambiente aeróbio.

Desnitrificação: trata-se **de** um processo anaeróbio pelo qual os nitratos são reduzidos a azoto e óxidos de azoto. Os microrganismos utilizam os nitratos como fonte de oxidante em vez de oxigénio e na presença de uma fonte de carbono orgânico que deve ser introduzida no ambiente [21].

b) Eliminação do fósforo :

A remoção do fósforo, ou desfosforização, pode ser efectuada por meios físico-químicos ou biológicos. No caso do tratamento físico-químico, podem ser utilizadas substâncias radioactivas ou reactivas, como os sais de ferro ou de alumínio, para precipitar os fosfatos insolúveis e eliminá-los por decantação.

Estas técnicas, que são atualmente as mais utilizadas, eliminam entre 80% e 90% do fósforo, mas produzem muitas lamas [21].

Eliminação e *tratamento de odores*

As águas residuais, carregadas de partículas e de matéria orgânica dissolvida, podem induzir, direta ou indiretamente, a formação de odores desagradáveis através dos seus subprodutos de depuração (gorduras, lamas) resultantes de um processo de fermentação.

Os odores das ETAR são devidos a gases, aerossóis ou vapores emitidos por certos produtos contidos nas águas residuais ou nos compostos formados durante as diferentes fases de tratamento.

As principais fontes de odores são :

-   Pré-tratamento.
-   As lamas e o seu tratamento.

Para evitar estes incómodos, as estruturas sensíveis serão cobertas e equipadas com um sistema de ventilação e uma unidade de tratamento biológico dos odores. Existem geralmente dois tipos de tratamento biológico dos odores: os biofiltros e os bio-esfregadores.

No primeiro, a biomassa é suportada por um piso específico e o ar passa através da massa (frequentemente turfa). As segundas criam um segundo filtro que utiliza uma suspensão. A biomassa está livre e a purificação tem lugar num reator [22].

♦ **Desinfeção:**

A redução do teor de germes, por vezes exigida para as descargas em zonas específicas (zonas balneares, zonas de conquilicultura) ou para a reutilização, será obtida através de tratamentos químicos de desinfeção com :

- *Cloro* (Cl): é um poderoso oxidante que reage tanto com moléculas reduzidas e orgânicas, como com microrganismos. $_2$Os compostos utilizados no tratamento de águas residuais são: cloro gasoso (Cl_2), hipoclorito de sódio (NaClO), vulgarmente conhecido como lixívia, hipoclorito de cálcio (CaClO , cal de cloro (CaCl,OCl) e clorito de sódio ($NaClO2$).

- *Ozono (o3)*: é um oxidante potente. A desinfeção com FO é utilizada em

É utilizado principalmente nos Estados Unidos, na África do Sul e no Médio Oriente. Elimina as bactérias, os vírus e os protozoários. É o único processo verdadeiramente eficaz contra os vírus. Os testes de toxicidade efectuados em peixes, crustáceos e algas não revelaram qualquer toxicidade.

Existem também tratamentos físicos, tais como :

- *Raios ultravioletas*: utilizando lâmpadas de mercúrio colocadas paralela ou perpendicularmente ao fluxo de água. A sua radiação ataca diretamente os microrganismos. Este tratamento é muito simples de implementar porque não há armazenamento ou manuseamento de substâncias químicas e as caraterísticas químicas do efluente não são alteradas.

- *A filtração*: é um processo físico que permite reter os microrganismos através de um filtro. Quer seja efectuada sobre areia ou sobre uma membrana, esta técnica exige previamente uma purificação secundária para garantir uma eliminação bastante completa das matérias em suspensão. A eliminação de vírus, bactérias e protozoários depende do meio poroso, da taxa de percolação, da espessura do leito filtrante e do nível de oxidação da água filtrada [21].

I.6 Tratamento das lamas

As lamas são o principal resíduo das estações de tratamento de águas residuais. O tratamento das lamas representa 30% do investimento na construção de uma estação de tratamento de águas residuais. O objetivo do tratamento das lamas é :

♦ Reduzir a fração orgânica a fim de diminuir a sua fermentabilidade e o risco de contaminação (estabilização).

♦ Reduzir o seu volume total a fim de reduzir os custos de eliminação (desidratação).

♦ Eliminação final das lamas por : [1]

- Desenvolvimento agrícola.

- Incineração.

- Aterro sanitário.

I.7 Lagunagem natural

A lagoa é um processo de tratamento de águas residuais de tipo extensivo, no qual a água tratada é deixada de molho durante um longo período de tempo, proporcionando assim espaço e luz solar. Está equipada com vários tanques pouco profundos (pelo menos três) onde as bactérias e outros organismos vivos proliferam em detrimento da matéria orgânica e dos sais minerais contidos na água. O número de agentes patogénicos (bactérias, vírus, parasitas) é consideravelmente reduzido, nomeadamente devido ao longo período de retenção nos reservatórios.

Trata-se de um processo de depuração biológica que elimina a matéria orgânica biodegradável e produz sais minerais, o que pode levar à proliferação de algas (fitoplâncton) que crescem sob o efeito combinado dos derivados de azoto e fósforo na água e da fotossíntese devida à radiação solar (eutrofização).

No entanto, este fenómeno, muito prejudicial para as águas naturais, revela-se benéfico no processo de lagunagem. De facto, a destruição da matéria orgânica ocorre graças a uma associação biológica extremamente vasta:

- No fundo da primeira lagoa, uma categoria de microrganismos degrada a matéria orgânica através de processos clássicos de fermentação anaeróbia.

- Na parte superior do tanque principal e nos outros tanques, a aerobiose é generalizada e as bactérias mineralizam a matéria orgânica solúvel em suspensão.

O metabolismo destas bactérias aeróbias requer um grande fornecimento de oxigénio proveniente da fotossíntese das algas, que crescem vigorosamente num ambiente rico em nutrientes (Fig.11).

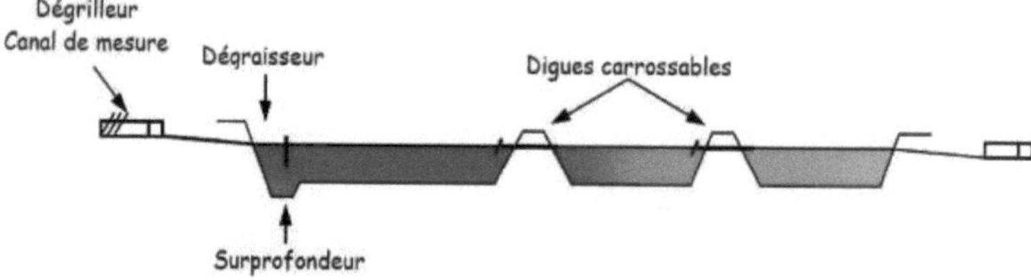

Figura 11 - Diagrama esquemático de uma instalação de lagunagem

1.7.1 Funcionamento de uma instalação de lagunagem natural
Bacia n.º 1: Anaerobie

As bactérias são microrganismos unicelulares procarióticos (uma única célula sem núcleo). Reproduzem-se geralmente por divisão celular simples e são capazes de resistir a condições desfavoráveis sob a forma de esporos. Existem dois tipos de bactérias:

• *Bactérias* anaeróbias: podem desenvolver-se na ausência de oxigénio.

• *Bactérias aeróbias*: necessitam de oxigénio para viver.

Nas lagoas, os primeiros encontram-se no fundo dos charcos e no lodo, enquanto os segundos dominam nas águas abertas. Utilizam principalmente o oxigénio gerado pela atividade das algas microscópicas suspensas na água para a sua respiração. Os microrganismos são eliminados por um processo designado por mineralização (Fig.12).

Materiais orgânicos Materiais minerais

[22]Esta mineralização da matéria orgânica por diferentes processos produz água, minerais (NHA, NO, SO, PO) e gases (CO_2, H S, CH_4, NH....h) que são gradualmente libertados na segunda bacia [23].

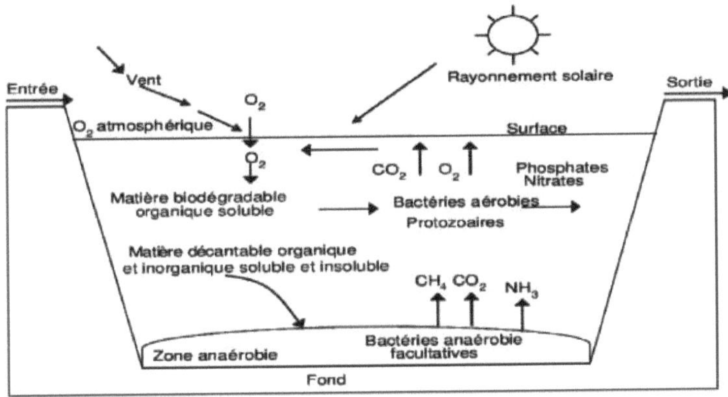

Figura 12 - Funcionamento de uma lagoa aeróbia

Bacia n.º 2: Facultativo

Depois de as bactérias terem decomposto a matéria orgânica, as plantas entram em ação para fixar os produtos da mineralização. A água flui então para esta segunda bacia, que tem metade do tamanho da primeira e é menos profunda. Esta menor profundidade permite uma boa fotossíntese, um papel mais eficaz dos raios ultravioletas, mas sobretudo favorece os fenómenos aeróbicos.

Os nutrientes presentes (sais minerais, subprodutos da lavandaria e, em menor grau, adubos minerais provenientes da agricultura) e o CO_2 (resíduo da respiração de certas bactérias) serão assimilados pelas plantas para permitir o seu crescimento. Estes organismos autotróficos transformam diretamente, através da energia solar, os diferentes sais minerais e o CO_2 em tecido orgânico (açúcares) para a planta e em oxigénio para libertar no ambiente: é o fenómeno da fotossíntese.

$$\textbf{Sais minerais}_{+CO_2+H_2O}\ \textbf{glucose}\ (\text{crescimento de algas}) + H_2O + O_2$$

Bacia n.º 3: Maturação

Desempenham igualmente um papel importante como consumidores de microalgas e, por conseguinte, como reguladores das populações de fitoplâncton.

▶ **Protozoários**: estes organismos unicelulares são os principais predadores das bactérias. Estão presentes ao longo de todo o ano sem apresentarem qualquer evolução numérica importante *(paramécios, vorticelas, epidiscal)* [23].

▶ **Metazoários** estes organismos multicelulares, de maior complexidade, estão presentes nas últimas bacias da planta lagunar sob três grupos dominantes

- *Os rotíferos:* São essencialmente micrófagos que consomem bactérias, microalgas e matéria orgânica para clarificar eficazmente a água.

- *Copépodes:* São pequenos crustáceos (0,5 a 4 mm) à superfície da água e são predadores muito eficientes: comem fitoplâncton, larvas jovens de insectos e cladóceros.

- *Cladóceros:* são pequenos crustáceos herbívoros e detritívoros que medem entre 0,2 e 3 mm e desempenham um papel importante na planta da lagoa e parcialmente nas bacias finais para reduzir o teor de matéria em suspensão [23].

1.7.2 Constrangimentos e disfunções do sistema lagunar

As principais causas de falha num sistema de tratamento de águas residuais baseado em lagoas são a falta de oxigénio e a sua má distribuição na coluna de água. A falta de oxigénio ou o desenvolvimento da zona anóxica podem ser causados por : [24]

- Diminuição do crescimento das algas devido à falta de penetração da luz. Este fenómeno pode ocorrer no outono ou no inverno, quando a luz solar é mais limitada.

- Formação de uma termoclina, particularmente durante o período estival, limitando as trocas gasosas em ambos os lados da estratificação.

- Diminuição da concentração de oxigénio dissolvido, que ocorre durante o período estival, à medida que a temperatura (e a salinidade) aumenta e a concentração de oxigénio dissolvido diminui.

- Diminuição da dissolução do oxigénio do ar na água quando os ventos são limitados; esta situação ocorre principalmente durante o verão.

- Um aumento da carga de matéria orgânica que favorece o crescimento de bactérias heterotróficas que consomem oxigénio; se esta carga se tornar demasiado elevada, pode levar à desoxigenação da água.

Para limitar os problemas causados pela falta de oxigénio, a mistura da água pode ser a solução adequada. Entre outras coisas, permite :

- *Eliminação dos maus cheiros:* A mineralização eficaz da matéria orgânica biodegradável em suspensão na coluna de água resulta numa redução do volume dos depósitos de matéria orgânica biodegradável e, por conseguinte, numa redução da libertação de produtos de fermentação (metano, dióxido de carbono).

- *Degradação de poluentes:* A carga orgânica removida do ambiente diminui quando as bactérias heterotróficas não dispõem de oxigénio suficiente para degradar a matéria orgânica. O resultado é o aumento da deposição de matéria orgânica no fundo e descargas de CBO5 mais elevadas do que deveriam.

Capítulo II

FITODEPURAÇÃO

23

Introdução

Trata-se de um sistema lagunar natural, com um papel mais acentuado da vegetação utilizada para depurar as águas residuais. A escolha das plantas pode variar muito em função dos factores hidro-climáticos e edáficos. As vantagens desta abordagem são ecológicas, económicas e estéticas. Existem dois tipos de fitodepuração, classificados de acordo com o tipo de vegetação [23].

❖ *Lagunagem de microfitas:* As únicas plantas são algas microscópicas com um tamanho médio de 1/100 mm, mas que desempenham o mesmo papel que as macrófitas na fixação de nutrientes.

❖ *Lagunagem de macrófitas (ou fitopuração):* caracteriza-se pela presença de plantas imersas na água. Consiste em bacias filtrantes de menor profundidade, plantadas com espécies de plantas aquáticas, capazes de extrair poluentes das águas residuais com uma carga poluente relativamente baixa [23].

II.1 Contexto histórico

A fitorremediação não é um conceito novo; há 300 anos, já se utilizavam plantas para tratar a água e eliminar, conter ou tornar menos tóxicos os contaminantes ambientais.

No século XVI, Andrea cessalpino, um botânico de Florença, descobriu uma planta que crescia em rochas naturalmente ricas em metais (nomeadamente níquel). De 1814 a 1948, foram efectuados numerosos estudos por cientistas sobre esta planta, denominada *Alysum bertolonii,* tendo-se descoberto que acumulava no seu corpo um elevado nível de metais provenientes do solo em que vivia, um nível superior ao encontrado no próprio solo.

A fitoremediação é uma alternativa ou um complemento de baixo custo às tecnologias de tratamento intensivo e dispendioso. Além disso, ao contrário das tecnologias que se limitam a deslocar os poluentes, a vegetação oferece um meio de eliminar totalmente os resíduos do solo e da água, uma vez que, na rizosfera, os poluentes orgânicos são totalmente destruídos (mineralizados) [25].

Mais tarde, foram descobertas outras plantas com as mesmas propriedades. E foi em 1970 que surgiu a ideia de utilizar estas plantas com as suas propriedades específicas. Cunningham et al (1995) definiram a "fitorremediação" como uma técnica que envolve a utilização de plantas verdes e dos microbiótopos que lhes estão associados, alterações do solo e técnicas agrícolas para eliminar, conter ou tornar menos tóxicos os contaminantes ambientais.

Acrescentam que existe também a "bioremediação assistida por plantas", em que as raízes das plantas e os seus microrganismos da rizosfera são utilizados para remediar o solo e a água contaminados com compostos orgânicos.

Ernst, em 1988, confirmou que a escolha para a eliminação de metais tóxicos do solo (metais pesados e radionuclídeos) exige a utilização de plantas selecionadas que acumulam esses metais. Esta técnica compreende três aspectos: fitoestabilização, fitoextracção e rizofiltração [26].

II.2 Definições e conceitos

Trata-se de um sistema de tratamento de águas residuais que utiliza plantas (normalmente plantas macrófitas), substratos e microrganismos numa zona húmida artificial. Os sistemas de fito-purificação podem ser constituídos por um ou mais filtros vegetais. Ao contrário da lagoa de macrófitas, o filtro de plantas utiliza um substrato filtrante (areia, cascalho, gravilha). Existem dois tipos de filtros:

a) Filtros de fluxo vertical

A água é distribuída sobre a superfície do filtro e percola através do conjunto de cascalho. Não há, portanto, estagnação da água nem fotossíntese, ao contrário do que acontece numa lagoa. A atividade microbiana está fortemente envolvida.

As plantas preferidas para este tipo de filtro são geralmente plantas aquáticas com sistemas radiculares fortes (íris, taboas), uma vez que a sua rizosfera promove a circulação do ar durante os períodos secos e ajuda a manter a condutividade hidráulica do leito filtrante ao longo do tempo (desobstrução). Isto intensifica a atividade bacteriana.

A matéria orgânica retida à superfície torna-se húmida e mineralizada. A flora bacteriana utilizada neste filtro é, portanto, de tipo heterotrófico aeróbio, que se deposita no meio.

b) Filtros de fluxo horizontal

O filtro de fluxo horizontal tem um fluxo semelhante ao de uma lagoa, uma vez que é mantido um nível de água na bacia e o excesso de água sai da bacia através de um sistema de transbordo.

No entanto, o tanque também contém um meio filtrante (areia e cascalho) e o nível da água é inferior ao da camada de areia. Neste filtro não ocorre fotossíntese.

A flora bacteriana instala-se no meio granular e os fenómenos de anoxia podem favorecer a desnitrificação parcial se este filtro for utilizado após um filtro de fluxo vertical. Além disso, o fósforo, as moléculas farmacêuticas e as hormonas podem ser reduzidos (Fig. 13).

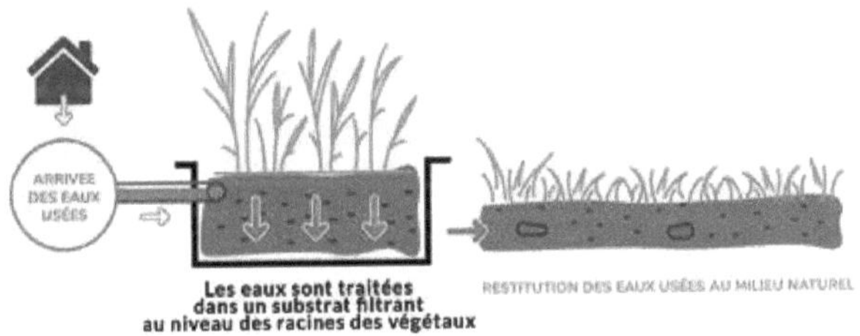

A água é tratada E DEVOLVIDA AO AMBIENTE NATURAL num substrato filtrante.
nas raízes das plantas

Figura 13 - Secção transversal do processo de fitodepuração

11.3 Filtros de palheta (FPR)

A tecnologia de filtragem de plantas macrófitas para o tratamento de águas residuais em pequenas comunidades é um desenvolvimento recente. A primeira investigação da bióloga Kate SEIDEL (1946) baseou-se na observação rigorosa da vida das plantas dos pântanos e das zonas húmidas. Estas revelaram que :

J A instalação de plantas helófitas (canas, taboas, juncos, etc.) num substrato inteiramente mineral irrigado por águas residuais, conduz a um processo de depuração.

J Os rizomas e as raízes destas plantas proporcionam um ambiente muito favorável à atividade dos microrganismos que degradam a matéria orgânica. As folhas, os caules e os rizomas das macrófitas fornecem a estes microrganismos o oxigénio e os diferentes suplementos de que necessitam para se desenvolverem.

J A combinação de diferentes tipos de fluxo (vertical ou horizontal) permite a degradação e a mineralização parcial da matéria orgânica, bem como a desnitrificação, nas fases aeróbia e anaeróbia.

Trata-se de uma técnica fiável, simples de utilizar, que facilita muito a gestão das lamas e é bem aceite pelos habitantes locais devido à sua imagem "natural", reforçada pela sua capacidade de se integrar na paisagem rural [27].

Uma zona húmida é uma estação de depuração em si mesma, através da sua ação natural de degradação e eliminação da matéria orgânica. Este processo de auto-purificação deve-se em grande parte aos organismos vivos (bactérias, algas) que mineralizam a matéria orgânica, que é depois assimilada pela vegetação superior (macrófitas).

Alguns deles, e os juncos em particular, oxigenam o ambiente e favorecem assim o desenvolvimento de microrganismos aeróbios (na presença de ar e de oxigénio, em particular).

Técnicas como a lagoa natural podem ser integradas em sistemas muito simples, como as "valas de infiltração plantadas", que permitem que o escoamento das águas pluviais seja devolvido ao lençol freático e, ao mesmo tempo, tratado. A utilização de "processos rústicos", como os filtros de cana, parece ser uma boa alternativa às estações de tratamento convencionais para estas pequenas comunidades (Fig. 14).

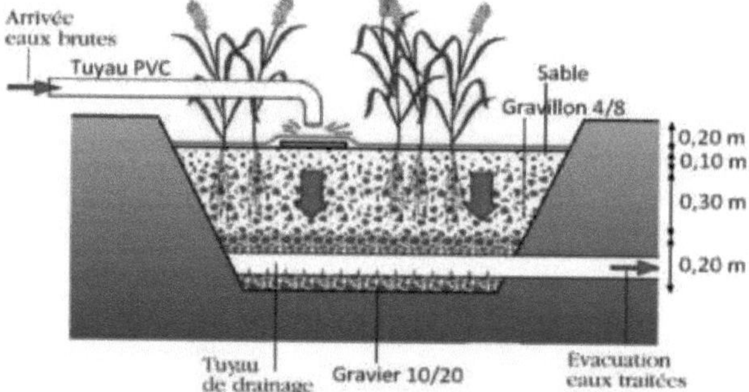

Figura 14 - Diagrama de um filtro de cana de fluxo vertical

II.4 Exploração de estações de tratamento de águas residuais

Trata-se de um processo biológico com culturas fixas em suportes finos, baseado na passagem das águas residuais através de leitos filtrantes colonizados por bactérias, que efectuam os processos de depuração. As águas residuais são mantidas abaixo da superfície dos leitos vegetais e circulam em dois tipos de fluxo (vertical ou horizontal), fluindo por gravidade num declive natural.

O objetivo é lutar contra os efeitos poluentes das águas descarregadas diariamente pelas nossas cidades rurais e instalações industriais. Este tipo de depuração pode ser aplicado a vários tipos de água: águas residuais brutas, águas residuais decantadas, águas tratadas biologicamente e águas pluviais.

É um processo ecológico que está em rápida expansão nos países desenvolvidos, devido à sua fiabilidade, simplicidade e rusticidade (não requer energia). É também bem aceite pela população local devido ao seu aspeto natural, perfeitamente integrado na paisagem rural.

Hoje em dia, as experiências multiplicam-se, tendo em conta não só os objectivos do tratamento das águas poluídas, mas também as variações das condições físicas e geográficas de cada zona.

A introdução na Argélia deste tipo de técnica de depuração extensiva poderia prestar serviços louváveis às comunidades locais, face aos problemas de degradação do ambiente em geral e de reciclagem da água em certas actividades agrícolas e florestais.

11.5 Papel dos vários componentes do processo

- Papel do material de enchimento

- Em virtude da sua granulometria, o material de enchimento tem um papel evidente na filtragem das matérias em suspensão presentes nas águas residuais, daí a designação "filtro". A sua eficácia neste papel depende em grande medida da textura do material, que é abordada pela sua granulometria e que terá uma influência particular nas caraterísticas hidrodinâmicas (condutividade hidráulica num ambiente saturado ou não saturado).

- A composição do material de enchimento também influencia o tratamento através da sua capacidade de absorção de fósforo e de metais pesados. Esta depende essencialmente do seu teor em ferro, alumínio e cálcio, e do tempo de residência da água no leito, que varia em função da porosidade do material colocado, em relação à cinética compatível com os objectivos de tratamento definidos.

- O papel das plantas

- As plantas aquáticas desenvolveram a capacidade de transferir o oxigénio formado pela síntese da clorofila para as suas partes subterrâneas (rizomas, raízes e radículas). Uma parte deste oxigénio é excretada no ambiente circundante para ajudar a oxidar os sais minerais necessários à nutrição das plantas.

- As raízes, tal como o substrato mineral, suportam o desenvolvimento microbiano nas suas partes subterrâneas. As populações microbianas presentes no material de suporte e na rizosfera (rizoma e zona radicular) são mais numerosas do que nos filtros não vegetais. Estas assimilam certas substâncias, como o azoto e o fósforo, para o seu próprio metabolismo e/ou para as armazenar. A eliminação do azoto está ligada à biomassa vegetal produzida.

- Por último, pensa-se que certas plantas segregam antibióticos nas suas raízes, ajudando assim a eliminar os microrganismos patogénicos [28].

- Papel dos microrganismos

O principal papel dos microrganismos é a degradação da matéria orgânica. Efectuam os diferentes processos de oxidação e de redução. Mineralizam os compostos de azoto e de fósforo, tornando-os disponíveis para as plantas. Realizam igualmente reacções de nitrificação/desnitrificação. As bactérias anóxicas presentes sob os agregados eliminam os nitratos sob a forma de gás nitrogénio (Fig.15).

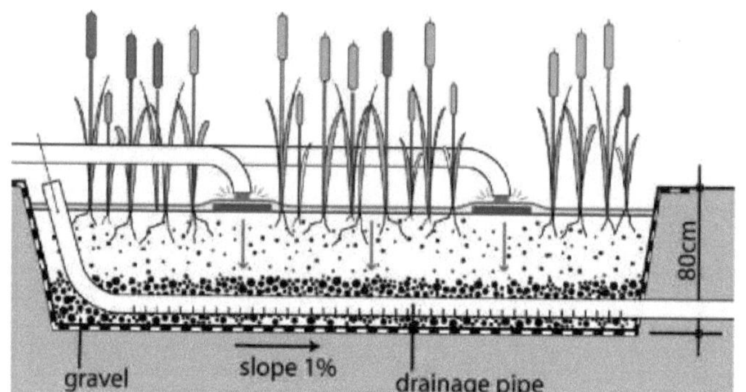

Figura 15- Componentes de uma cama de macrófitas

Existem dois tipos de filtros: vertical e horizontal. Estes dois filtros complementam-se bastante bem e são geralmente utilizados em série, formando um sistema mais eficiente (Fig.16).

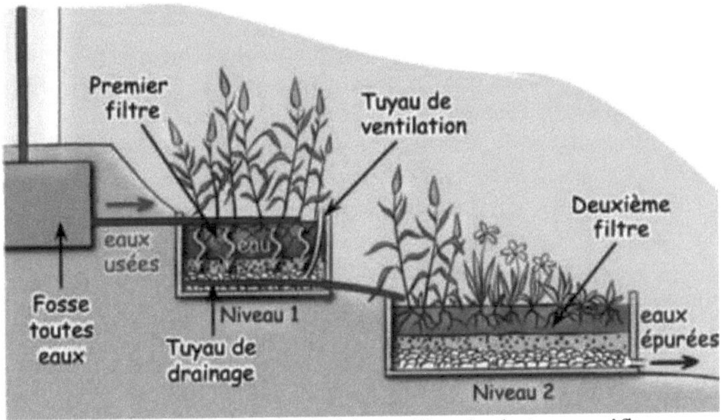

Figura 16- Secção longitudinal de um filtro de plantas macrófitas.

II.6 Escolha das espécies vegetais

As plantas utilizadas na fitoremediação devem satisfazer determinadas condições: [29]

- Em primeiro lugar, deve ser capaz de tolerar concentrações elevadas do elemento a retirar da água nas células das suas raízes e do seu trato aéreo. A hiper-tolerância é a propriedade chave que torna possível esta hiper-acumulação;

- Ser adaptado às condições climáticas e pedológicas do sítio;

- Possuem um sistema radicular bem desenvolvido para estabilizar eficazmente o solo;

- A planta deve ser capaz de translocar o elemento em questão, a uma taxa elevada, das suas raízes para o seu trato aéreo, e depois armazená-lo;

- A planta deve ter um sistema radicular e foliar bem desenvolvido.

A escolha das espécies depende do equilíbrio entre o que se espera da planta e a sua capacidade de crescer no local.

O crescimento das raízes e dos rizomas mantém ou regula a condutividade hidráulica inicial. A baixa granulometria do substrato (areia ou cascalho) e o elevado aporte de matéria orgânica são propícios à colmatação. O crescimento das raízes limita estes riscos através da formação de poros tubulares ao longo das raízes em crescimento [30].

Acima de tudo, o desenvolvimento das raízes aumenta a superfície de fixação para o desenvolvimento de microrganismos. Contribuem também para a degradação biológica da parte orgânica dos SST e libertam no ambiente compostos orgânicos de baixo peso molecular, que podem ser polimerizados e facilmente degradados [31].

Para além deste aumento da superfície ativa, existe sem dúvida um fator, ainda pouco documentado, que estimula a atividade, e mesmo a diversidade e a densidade, dos microrganismos que intervêm de diversas formas nos processos de depuração. Este conceito é bem conhecido em agronomia e pode ser resumido na forma trivial 30

Este facto é por vezes referido como o *"efeito rizosfera"*.

Os microrganismos são muito abundantes no solo e particularmente activos na rizosfera, em ligação com a exsudação de carbono orgânico para as raízes. Foi a estimulação da sua atividade que deu origem ao conceito de rizosfera. Podem ter efeitos negativos, positivos ou neutros no crescimento das raízes, consoante a espécie e as condições ambientais [32].

Existem vários tipos de vegetação ligados à presença de água. Trata-se, nomeadamente, da vegetação herbácea aquática uni e pluricelular, da vegetação herbácea semiaquática e dos vários tipos de vegetação arbustiva e arborescente associada aos solos hidromórficos (florestas ripícolas, galerias florestais) [33].

a) Hidrófitas: São plantas que colonizam o interior de massas de água ou cursos de água. Podem ser :

- Os afloramentos, que inicialmente estão completamente submersos no início da vegetação, sobem e atingem a superfície da água;

- Flutuação, livremente à superfície ou entre duas águas;

- Completamente submersas, formando verdadeiros prados no fundo da água.

Os hidrófitos mais comuns encontrados incluem [33] :

- *Lemna, polyrrhiza minor*	Lentilha de água com muitas raízes
- *Salvinia natans*	Folhas alargadas e raízes ramificadas
- *Polygonum anphibium*	Erva daninha anfíbia
- *Potamogeton natans*	Erva-de-são-joão de folha oval em forma de coração
- *Ranonculus divaricatus*	
- *Elodea sp.*	Pés-de-cabra de galho
	Folhas elípticas alongadas, inteiras

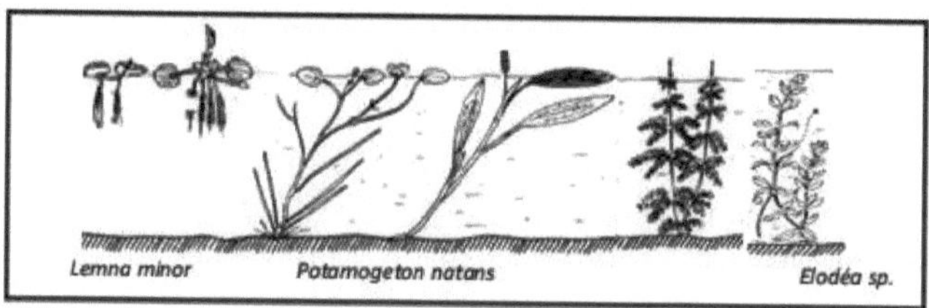

b) Anfípetas: São plantas anfíbias, capazes de se fixar e desenvolver abaixo e acima da superfície da água. As principais espécies são :

- *Ludwigia grandiflora* e *L.* peploidesthe salgueiros-prímula

- *Myriophyllum brasil* Anfíbio-d'água do Brasil

c) Helófitas: São plantas que colonizam as margens das massas de água e dos cursos de água, cujo sistema radicular se situa no substrato hidrófilo mas cujo aparelho vegetativo se situa fora da água. São os juncais, a cariga e outros grupos de grandes plantas herbáceas das margens. Alguns helófitos aquáticos de lagos [34] :

Carex sp.	Laiches
Epilobium sp.	Erva-do-fogo
Iris pseudaconus	Íris de água
- *Juncus sp.*	Juncos
- *Mentha aquatica*	Água de menta
- *Thalaris arundinacea*	Falso junco, Baldingere Rubanier.

- Sparganum sp

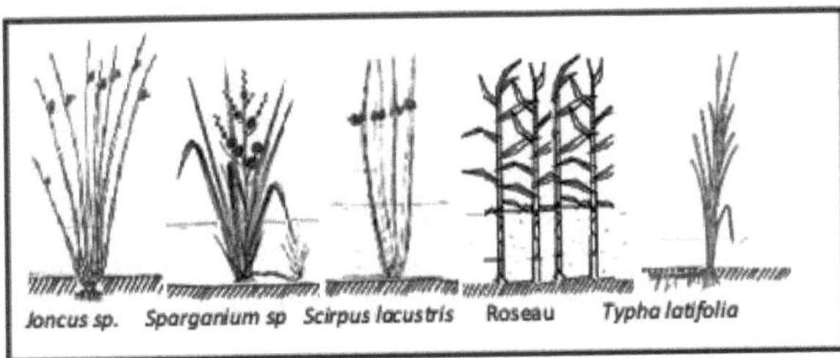

Tendo em vista a gestão a longo prazo dos recursos hídricos, a vegetação pode ser um instrumento de controlo que não deve ser negligenciado.

A prova disso é o trabalho de investigação atualmente em curso para desenvolver um método de bioindicação baseado em plantas. Está provado que as plantas reflectem as condições do ambiente ou a sua evolução.

Além disso, o seu desenvolvimento não é apenas uma consequência, mas pode ter um efeito de arrastamento, nomeadamente sobre a qualidade físico-química da água e a sua aptidão para determinadas utilizações.

No entanto, para incluir o compartimento das plantas, será necessário efetuar as seguintes etapas

a insuficiência dos conhecimentos actuais sobre determinados pontos específicos.

Em primeiro lugar, a falta de informações quantitativas precisas implica a realização de campanhas para medir o potencial vegetal presente nos cursos de água.

Capítulo III

PILOTOS EXPERIMENTAIS

Introdução

Na Argélia, poucas tentativas foram feitas no domínio do investimento, preferindo-se amadurecer a investigação em pilotos experimentais. O nosso laboratório efectuou dois estudos deste tipo:
- Um modelo à escala montado na quinta experimental da Universidade de Mascara;
- Um projeto-piloto à escala real em Brezina (El Bayadh).

Em ambos os casos, as TMEs são armazenadas num tanque de acabamento antes de serem recicladas para a irrigação das culturas. Com os seus resultados significativos e encorajadores, o processo de fitodepuração oferece uma oportunidade perfeitamente justificável para contribuir para o desafio da poupança de água e da sua gestão eficiente, particularmente em pequenas comunidades.

III.1: Piloto experimental in situ

A planta piloto experimental para fitorremediação foi instalada na Universidade de Mascara. Foram preparadas bacias de polietileno e plantas (canas e taboas), e amostras de águas residuais foram testadas para tratamento. Tendo em conta a pandemia de covid, o tempo de residência foi de uma semana. Por fim, foi efectuada uma análise comparativa entre os dois locais (estação lagunar e estação piloto experimental).

111.1.1 Descrição do condutor

a) Esquema de funcionamento

O princípio adotado para a instalação da unidade piloto experimental é o de reproduzir as etapas de tratamento das águas residuais da estação de tratamento de águas residuais da aldeia de El Keurt, introduzindo o sistema de fitodepuração, como mostra o esquema abaixo (Fig. 17).

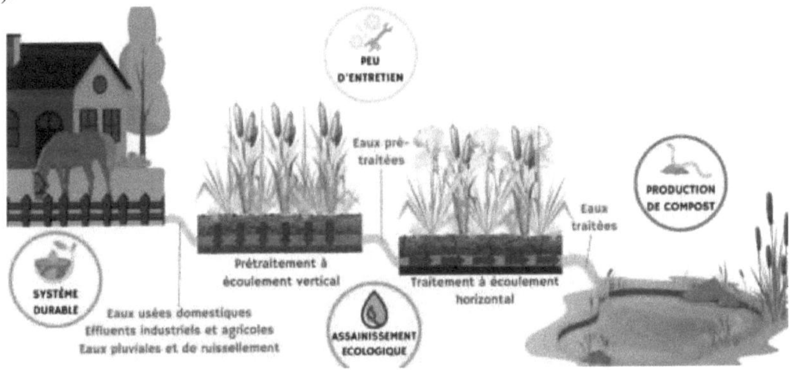

Figura 17- Representação esquemática de um modelo de fitodepuração

A nossa unidade piloto reduzida consiste numa série de bacias escalonadas plantadas com vegetação, permitindo que as águas residuais fluam por gravidade de cima para baixo. Na entrada, são descarregadas as águas residuais brutas (provenientes da unidade piloto de El Keurt). Na saída, a água tratada é recolhida para análise laboratorial.

b) As etapas da realização do projeto-piloto experimental

1°- Instalação de quatro bacias plantadas individualmente com espécies de macrófitas (fragmites, taboas, juncos) + espécies mistas de micrófitas (íris, lentilha d'água, taboas);
2°- Passagem de água bruta utilizada proveniente da lagoa de El Keurt;

3°- Análise das águas residuais brutas (entrada da unidade piloto) e das águas residuais tratadas pela vegetação (saída da unidade piloto) ;

4°- Comparação dos resultados e interpretação em relação às normas regulamentares relativas às descargas de águas residuais domésticas;

5°- Análise comparativa em relação ao sistema lagunar de referência.

O princípio de depuração deste processo consiste em deixar passar as águas residuais através do sistema radicular, beneficiando da oxigenação natural através dos caules aéreos. O resultado é uma digestão microbiana e uma purificação natural. No final da cadeia, a água tratada é reutilizada na agricultura de acordo com as normas exigidas (Fig. 18).

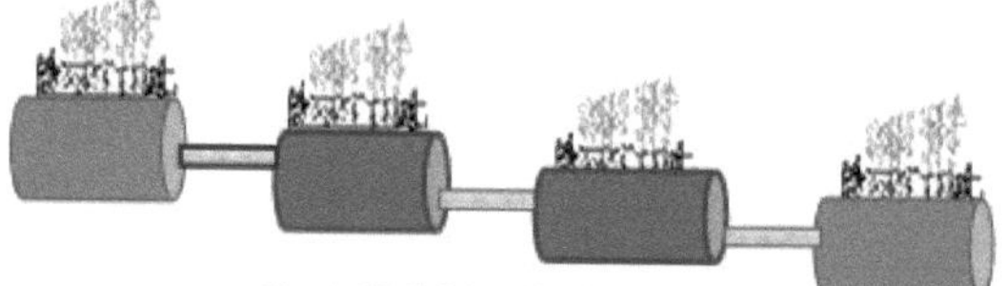

Figura 18- Diagrama do piloto experimental

A fase final do projeto consiste no controlo dos parâmetros relativos à :

- medições hidráulicas: afluxo e escoamento, nível da água nas bacias, tempo de retenção ;
- qualidade da água à entrada e à saída da instalação piloto (temperatura, pH, condutividade, sólidos em suspensão, CBO5, CQO, amónio, fósforo, potássio, metais pesados, agentes patogénicos, etc.).
- factores de crescimento das plantas macrófitas: densidade, desenvolvimento e atividade das raízes, comportamento face aos poluentes.

Em cada bacia, parte-se do princípio de que as águas residuais são submetidas a um tratamento parcial, passando pela vida vegetal durante um tempo de residência de 24 horas. Quando se chega ao quarto tanque, a qualidade da água é mais clara, levando a uma redução física da poluição.

111.1.2   Análise e resultados

Temperatura: O instrumento utilizado para medir a temperatura foi um oxímetro OX 192 equipado com um elétrodo. Os resultados obtidos estão resumidos no quadro 4.

Quadro 4 - Resultados da temperatura (abril de 2022).

Amostras colhidas	Água bruta	Água drenada
Lagunagem natural	16.8	16.7

34

Lagunagem de macrófitas	16.8	13.2

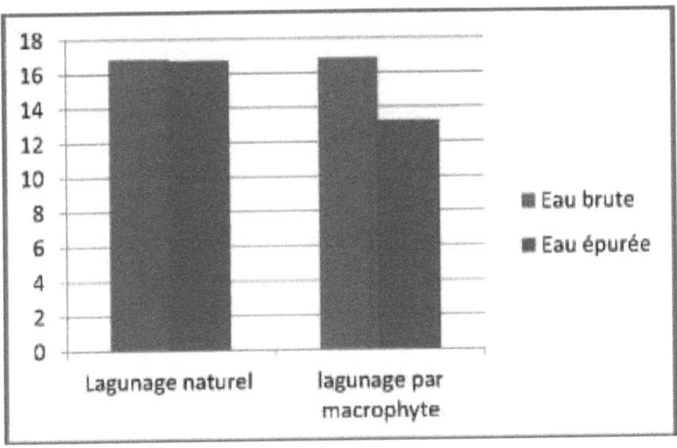

Figura 20 - Resultados da análise da temperatura.

Observamos que a entrada desta estação de água é um pouco mais quente do que a saída da mesma estação (El Keurt), e para o nosso sistema a temperatura é um pouco menos quente (15,4-15,2 C°), devido ao envolvimento da vegetação na estação piloto.

pH: O pH da água foi medido com um medidor de pH portátil, e os resultados obtidos estão resumidos na Tabela 5.

Quadro 5- Resultados do pH (Avril2022).

Amostras colhidas	Água bruta	Água drenada
Lagunagem natural	7.86	8.04
Lagunagem de macrófitas	7.86	7.92

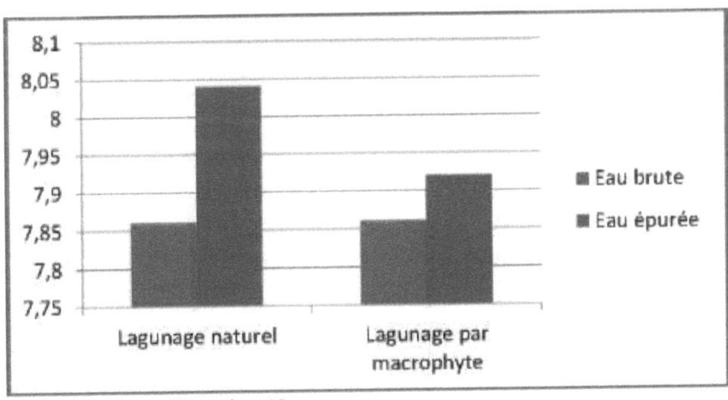

Figura 21- Resultados da análise do pH.

Os valores de pH obtidos da planta de El Keurt e do processo de macrófitas são próximos, entre 7,77 e 8,04, o que é um nível aceitável em comparação com as normas.

Condutividade: Este parâmetro reflecte a mineralização global da água e foi analisado com um medidor de condutividade portátil. Os resultados estão resumidos na tabela 6.

Quadro 6- Resultados da condutividade (abril de 2022)

Amostras colhidas	Água bruta	Água drenada
Lagunagem natural	4380	3610
Lagunagem de macrófitas	4380	2877

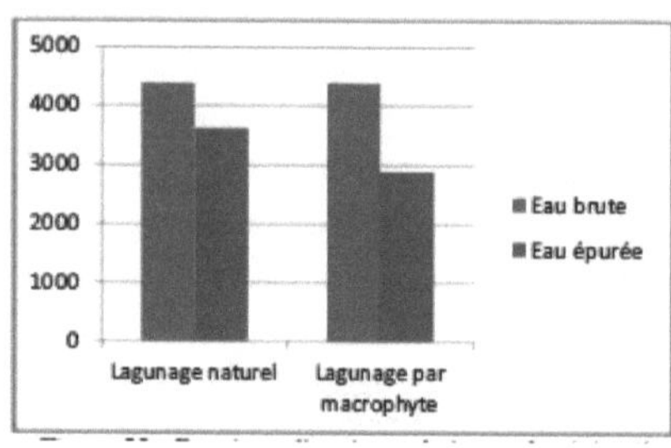

Figura 22 - Resultados das análises de condutividade eléctrica.

Em ambos os casos, o processo de mineralização evoluiu e, após o tratamento, as águas residuais são desmineralizadas devido à presença de vegetação macrobiológica na instalação piloto.

SST: É a quantidade de matéria orgânica ou mineral em suspensão na água. Os resultados obtidos estão resumidos na tabela 7.

Quadro 7- Resultados das matérias suspensas (abril de 2022)

Amostras colhidas	Água bruta	Água drenada
Lagunagem natural	45	28
Lagunagem de macrófitas	45	22

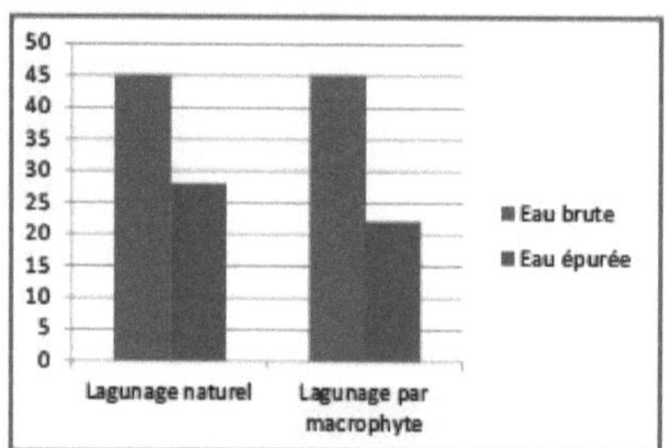

Figura 23 - Resultados da análise dos SST

Os níveis de SST são muito elevados à entrada, com cerca de 45 e 61 mg/l. À saída, estão próximos das normas, com cerca de 28 e 54 mg/l, devido à sedimentação dos SST nas grandes bacias da central, enquanto que na nossa central piloto os SST são eliminados pelas canas.

Oxigénio dissolvido : A presença e a quantidade de oxigénio gasoso O2 dissolvido na água estão relacionadas com a temperatura e o volume da água. Os resultados obtidos estão resumidos no quadro 8.

Quadro 8 - Resultados do oxigénio dissolvido (abril de 2022)

Amostras colhidas (mg/l)	Água bruta	Água drenada
Lagunagem natural	0.6	1.11
Lagunagem de macrófitas	0.6	3.8

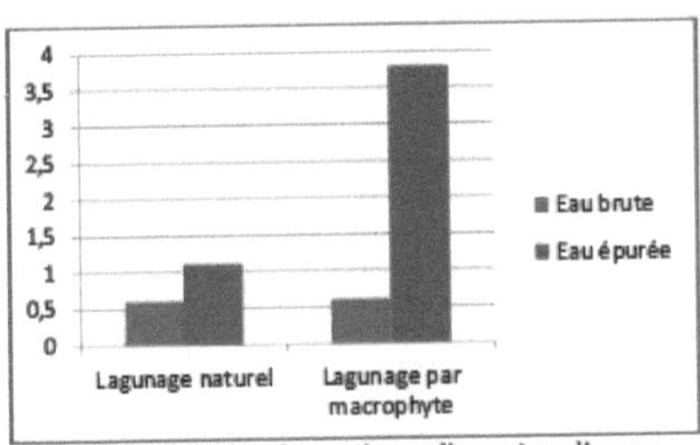

Figure 24 - Résultats des analyses d'oxygène dissous.

Figura 24 - Resultados das análises de oxigénio dissolvido.

De acordo com os resultados obtidos, a quantidade de oxigénio é baixa devido à presença de micropoluentes na água, mas há um pequeno aumento no ГО? da estação piloto devido a um metabolismo respiratório fotossintético que resulta na libertação de oxigénio para o meio aquático pelas canas macrófitas.

Carência biológica de oxigénio (CBO): Durante um período de 5 dias, foi medida a quantidade de oxigénio consumida pelos microrganismos nas condições definidas. Os resultados obtidos estão resumidos no quadro 9.

Quadro 9 - Resultados da CBO

Amostras colhidas (mg/l)	Água bruta	Água drenada
Lagunagem natural	230	75
Lagunagem de macrófitas	230	115

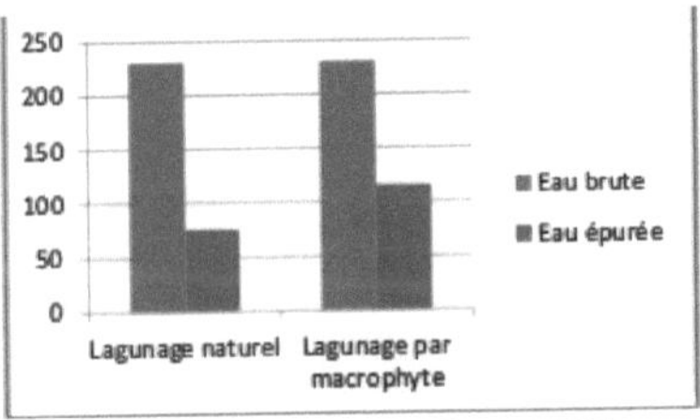

Figure 25 - Résultats des analyses de DBO₅.

Foi observada uma redução dos valores em resultado da eliminação da carga poluente com recurso a vegetação plantada no piloto experimental.

Carência química de oxigénio (CQO): Esta reação química, que indica a quantidade de oxigénio consumida pelos materiais oxidáveis, tem lugar num meio sulfúrico concentrado a uma temperatura elevada. Os resultados obtidos estão resumidos no quadro 10.

Quadro 10- Resultados da CQO.

Amostras colhidas (mg/l)	Água bruta	Água drenada
Lagunagem natural	325	302
Lagunagem de macrófitas	325	297

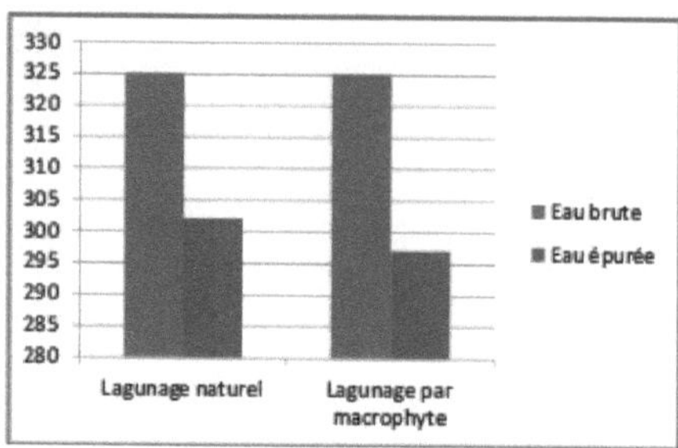

Figura 26 - Resultados das análises de CQO.

Azoto amoniacal NH4

Quadro 11- Análises de NH4

Amostras colhidas	Água bruta	Água drenada
Lagunagem natural	5.98	4.28
Lagunagem de macrófitas	5.98	3.66

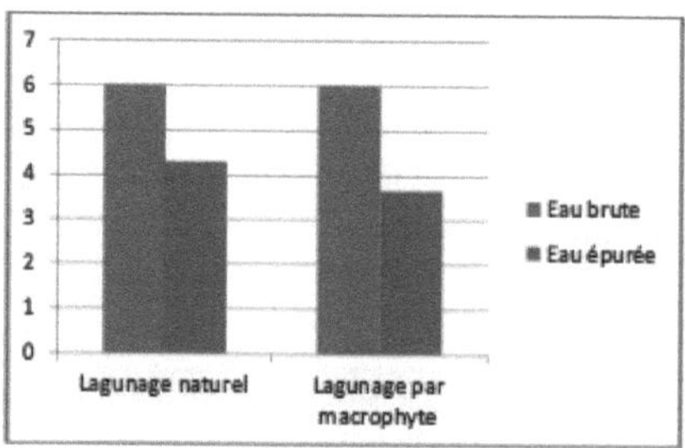

Figura 27 - Resultados da análise do NH4.

A diminuição das concentrações de azoto na planta piloto experimental significa que os juncos estão a desempenhar um papel na absorção de NH4 graças ao seu sistema radicular, que capta a carga orgânica.

Conclusão:

A partir desta revisão da literatura, torna-se claro que a fitodepuração oferece uma oportunidade definitiva devido aos seus múltiplos benefícios económicos e ecológicos.

O processo consiste em instalar uma série de tanques, cheios de cascalho e seixos, para suportar vegetação como phragmites, typha, juncos, phalaris, etc., que utilizam o seu poderoso sistema radicular para extrair poluentes minerais e orgânicos.

Trata-se de um processo eco-biológico em que as águas residuais são mantidas abaixo da superfície dos leitos das plantas e circulam em diferentes tipos de fluxo, vertical, horizontal ou misto, gerando menos incómodos de odores.

Devido à sua simplicidade, este sistema de despoluição pode abrir perspectivas prometedoras de desenvolvimento sustentável, ou seja, a criação de valor acrescentado (utilização das águas tratadas na agricultura, na silvicultura, na pesca, etc.) e a melhoria da qualidade de vida das populações.

III.2 Fábrica-piloto de Brezina para a fitodepuração

Hoje em dia, a utilização de técnicas de depuração naturais está a tornar-se cada vez mais popular por várias razões, incluindo considerações tecnológicas, energéticas, económicas e de gestão. Experiências em todo o mundo mostram o uso crescente da fito-purificação, utilizando leitos de plantas de vegetação macrófita.

Este interesse é ainda maior na periferia das cidades oásis, afectadas pela insuficiência de recursos hídricos, com o objetivo de proteger o meio natural contra os danos ambientais e, se necessário, recuperar e reciclar as águas residuais tratadas para o cultivo de espécies florestais destinadas a proteger contra o assoreamento e o avanço do deserto.

Esta contribuição trata dos aspectos técnicos da instalação de um sistema de depuração baseado no processo de fitodepuração. A instalação piloto experimental, concebida para tratar as águas residuais domésticas, cobre uma superfície de 0,3 ha. No final da cadeia, as águas residuais serão reutilizadas para irrigar uma área de 5 hectares de oásis, composta por várias espécies forrageiras adaptadas ao contexto agro-climático local.

111.2.1   Descrição do condutor

O oásis de Brezina situa-se na região pré-saariana (33°6'N, 1°15'E, 800 m s/m), 85 km a sul da capital da wilaya de El Bayadh, na Argélia. Situa-se no sinclinal entre a última crista do Atlas e a plataforma saariana do Erg Occidental. [2] É delimitada pelo rio Oued Seggueur, que drena uma bacia hidrográfica de 3 680 km (Fig.28).

Figura 28- Localização da zona de estudo de Brezina

Este último alimenta o lençol freático adjacente ao palmeiral do oásis de Brezina e garante a sobrevivência das zonas a jusante deste, até à depressão de Daiet El Bagra. A construção da barragem de Khang Larouia, na confluência dos afluentes Ghasoul e Rahoul do wadi de Seggueur, alterou radicalmente o equilíbrio hidrogeológico do oásis de Brezina e de toda a região a jusante, tornando necessária uma utilização racional e optimizada dos seus recursos hídricos convencionais e não convencionais.

111.2.2   Caraterísticas do sítio

O contexto natural do oásis de Brezina é caracterizado por um clima árido presaariano, com temperaturas médias que variam entre uma mínima de 9°C em janeiro e uma máxima de 35°C em agosto, com variações diárias de temperatura superiores a 10°C. A precipitação varia entre 100 e 180 mm por ano; distribui-se ao longo do ano, com maior concentração no período de maio a outubro. No verão é esporádica e intensa. A humidade relativa ronda os 25% durante os meses de verão.

O vento percorre o oásis de Brezina de sul para norte, com velocidades médias superiores a 3 m/s. Durante as tempestades de areia, o vento pode ultrapassar os 45 km/hora. $^{-2}$A radiação solar tem valores médios de 4,59 Kwh.m , relativamente a um índice de cobertura que apresenta variações sazonais muito limitadas, com um valor médio de 0,61. A evapotranspiração é de cerca de 1600 mm/ano.

Estes factores dão origem a uma evapotranspiração elevada, de cerca de 1600 mm por ano, que afecta o coberto vegetal da zona de intervenção, composto principalmente por espécies xerófilas como a *Salsola vermiculata* e o *Artrophytum schimittianum*. *Tamarix balacae* e *Peganum harmal* crescem nas margens do Oued Seggeuer.

[233] As águas superficiais são mobilizadas através da barragem *de Kheneg Larouia*, uma barragem alimentada por uma bacia hidrográfica de 3680 km, do tipo betão-peso-estrada com um transbordo a 910 NGA, com uma altura de dique de 60 m, criando uma albufeira com uma capacidade de 122 Hm, dos quais 62 Hm representam o volume útil. [3] No entanto, dada a taxa de evaporação muito elevada da superfície da água, o volume útil da albufeira permite regularizar apenas 11,5 Hm /ano.

[3] As caraterísticas desta bacia hidrográfica incluem baixos caudais médios anuais (0,84 m /s), um baixo coeficiente de escoamento superficial (2,88%), um baixo nível de água (7,21 mm), um baixo módulo de escoamento (0,[33]228 l/s/km2), uma taxa de abrasão elevada (412 t/km2/ano), cheias raras mas significativas (882 m /s), uma taxa de sedimentação elevada (1,008 Mm/ano) e uma evaporação significativa da superfície da albufeira (2.500 mm/ano).

As águas subterrâneas estão localizadas no aquífero aluvial (Oued Seggueur), constituído por areias heterogéneas e outros materiais permeáveis que se encontram continuamente sobre um substrato impermeável. Com uma extensão de 16 km, o aquífero contorna a aldeia de Brezina a sul e prolonga-se por várias centenas de quilómetros antes de se fundir com os depósitos terciários do Grande Erg Ocidental.

[3] A morfologia do lençol freático local, cuja largura varia entre 300 e 1500 m, confere ao aluvião uma espessura média de 10 m e um coeficiente de armazenamento médio de 7%, o que dá uma capacidade de reserva de água estimada em 8,96 Mm .

[2] Em termos económicos, a agro-pastorícia é a única fonte de rendimento da população local, representando uma superfície agrícola útil de 1.249 ha, para uma superfície cadastral de 13.180 km, ou seja, 0,09%. O clima árido e a degradação do coberto vegetal devido ao sobrepastoreio conduziram a uma diminuição do efetivo pecuário, que ascende a 249.728 cabeças, constituído por ovinos, caprinos e camelos.

O palmeiral da Brezina, onde se desenvolvem as principais actividades económicas da região, estende-se ao longo do Oued Seggueur e é delimitado por uma faixa de dunas formadas por depósitos quaternários, com exceção da parte sul que se estende por uma encosta marinha.

Cobrindo uma área de 174 ha, incluindo 53 ha de mudas produtivas, contém 24.600 mudas. Nas áreas cultivadas, as palmeiras são cultivadas em associação com culturas intercalares (Fig.29).

Figura 29 - Degradação e assoreamento do palmeiral

111.2.3 Descrição do piloto experimental Brezina

a) O princípio :

O princípio adotado para a unidade-piloto de Brezina baseia-se na criação de dois processos de tratamento, caracterizados da seguinte forma:

- [3]**Processo "A":** Consiste num sistema de depuração de caudal horizontal concebido para tratar um caudal médio de 20 m de água por dia. O processo de tratamento é constituído por três células consecutivas, organizadas da seguinte forma

- *A primeira célula de sedimentação é caracterizada por um nível de água que não ultrapassa os 30 cm; é aqui que se desenrolam os processos de sedimentação primária e a primeira digestão aeróbia. A vegetação aflora e a sua densidade não ultrapassa os 90%.*

- *A segunda célula efectua a fase de digestão anaeróbia, o nível da água é de cerca de 60 cm e a vegetação é esparsa, ocupando apenas cerca de 20% da superfície disponível e concentrada perto da entrada e da saída da célula.*

- *A terceira célula é utilizada para completar a digestão aeróbia das águas residuais, que se encontram num estado avançado de tratamento. É semelhante à primeira célula, com uma densidade vegetal não superior a 90% e um nível de água inferior a 30 cm.*

- *O sistema de distribuição é constituído por tubos de PVC (SN1110) colocados numa inclinação de 1-2%.*

- **O sistema "B":** Trata-se de um sistema horizontal de fluxo superficial. Pode tratar 10 m3 de água por dia, atingindo um nível de purificação em conformidade com os limites de irrigação restrita indicados pela OMS. O sistema consiste em três células consecutivas de tamanhos diferentes, preenchidas com cascalho de tamanhos diferentes. Em particular, as caraterísticas de cada célula são as seguintes

- *Uma secção de entrada e saída onde são colocados os tubos de entrada e de drenagem, preenchida com cascalho redondo (60-100 mm de diâmetro).*

- *Uma secção interna preenchida com cascalho redondo com um diâmetro de 10 a 25 mm, na qual são plantadas espécies vegetais a intervalos regulares.*

- *A impermeabilização das bacias é efectuada através da compactação da areia que constitui as paredes das bacias, da colocação de um revestimento geotêxtil e de uma camada compactada de argila com uma espessura mínima de 20 cm. Em alternativa, as paredes podem ser impermeabilizadas com um revestimento de polietileno de alta densidade com uma espessura mínima de 1 mm.*

- *O sistema de distribuição de águas residuais é alimentado por gravidade. Os tubos de*

41

PVC (SN1110) são colocados numa inclinação de 1-2%.

111.2.4   Arquitetura do piloto experimental

A morfologia e a topografia do terreno limitam a dimensão da instalação e exigem o tratamento de uma fração (30%) do caudal de águas residuais descarregadas pela aglomeração. O processo de tratamento está equipado com um bypass, uma câmara de inspeção de 2.200 mm e uma inclinação de 1% para assegurar que a água flui por gravidade para as estações de tratamento.

Um tanque de sedimentação primária (tipo *imhoff*) e uma unidade de gradagem são utilizados para remover os sólidos. Por fim, existe uma válvula para regular e medir o caudal de cada uma das estações de tratamento previstas. Note-se que a população da aglomeração de Brezina está estimada em 11 800 habitantes (RGPG 2008), o que representa uma descarga de águas residuais de 9 l/s (780 m3/d).

As duas estações de tratamento de águas residuais descarregam as águas residuais tratadas num tanque de acumulação comum com uma dupla função: proporcionar um ciclo adicional de sedimentação e digestão microbiana anaeróbia e armazenar água para garantir o abastecimento do arboreto.

As suas dimensões são uma profundidade de 2 m e uma inclinação de 2/1. A comunicação de água entre as várias piscinas é feita por tubos de PVC colocados com uma inclinação de 1 a 2%, dispostos simetricamente em relação ao eixo longitudinal de cada piscina. As entradas e saídas dos tubos estão protegidas por uma grelha que impede a entrada de pequenos animais. Todos os pontos de ligação dos tubos de distribuição de água são acessíveis para assegurar uma manutenção correta da instalação.

As bacias são impermeabilizadas com uma camada compactada de argila com pelo menos 20 cm de espessura e um revestimento de polietileno de alta densidade (HDPE, 1,5 mm), incluindo nas paredes da bacia para vedar o escoamento. As margens são cobertas com uma camada de cascalho fino com um diâmetro de 10-50 mm, para as proteger da erosão hídrica, especialmente na secção de entrada de água (Fig.30/31).

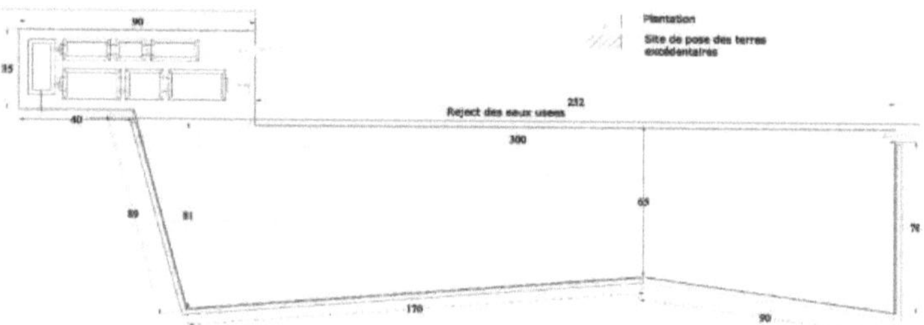

Figura 30- Planta baixa da unidade-piloto de Brezina para a fitodepuração

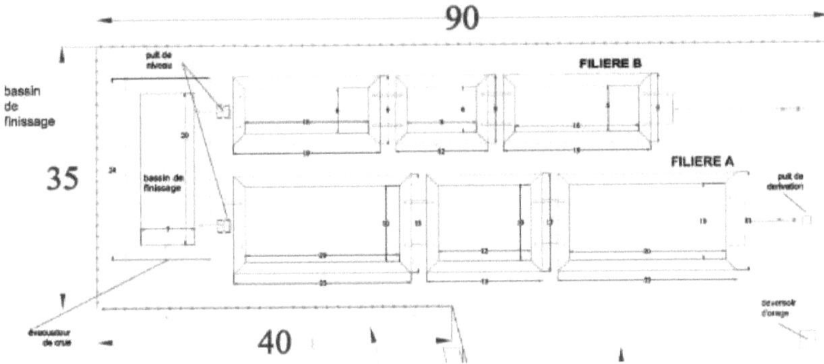

Figura 31- Planta de arquitetura pormenorizada da unidade de fitodepuração

111.2.5   Normas para a utilização de TMEs na irrigação

Os objectivos de tratamento para os quais a ETAR foi concebida consistem em adequar a qualidade atual das descargas de águas residuais às normas de descarga, em conformidade com as normas nacionais (Decreto Executivo n.º 93-160 de 10 de julho de 1993) e as aceites pela Organização Mundial de Saúde (OMS, 1989) (Quadro 12).

Quadro 12- Caraterísticas da carga poluente das águas residuais de Brezina

Parâmetro	Parâmetros	Unidade	Qualidade atual	Normas (OMS)
Matérias em suspensão	MEU	mg/l	417	35
Procura biológica em	CBO5	mg/l	161	25
Fósforo total	TP	mg/l	0.95	2
Azoto total	TN	mg/l	49	30
Patogénico	FC	ufc/100 ml	100,000	1,000
ovos de nemátodos	N	ufc/100 ml	0,1	0.1

O objetivo deste processo é obter uma água que corresponda às normas convencionais e que possa ser utilizada para irrigação, nomeadamente com dois limites bacteriológicos, de acordo com as recomendações da OMS (Organização Mundial de Saúde).

Na Argélia, a regulamentação relativa à utilização das águas residuais proíbe qualquer tipo de utilização de água não purificada para fins agrícolas, nomeadamente para consumo em bruto. ₅Esta última exige um tratamento terciário (esterilização, cloração): um máximo de 30 mg/l para a CBO, a eliminação dos agentes patogénicos E. coli para menos de 1.000 por 100 ml de água e 0,1 ovos de nemátodos por 100 ml de água.

No entanto, a utilização adequada de água purificada é autorizada para certas culturas de uso industrial, espaços verdes florestais e ornamentais e fixação de dunas, forragens para alimentação animal, etc. (Fig.32).

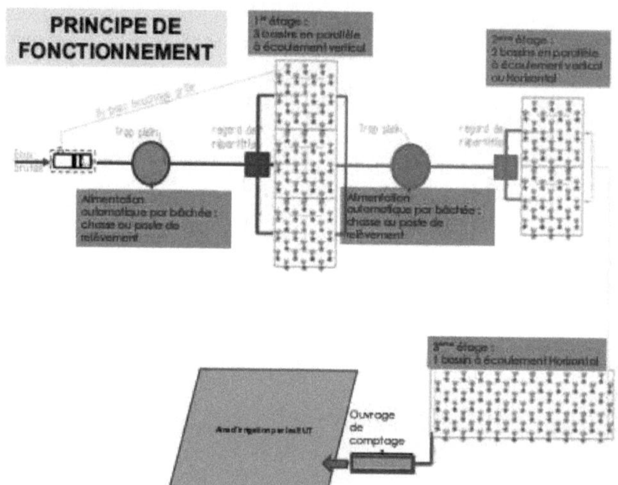

Figura 32- Princípio de funcionamento de uma ETAR de macrófitas

CONCLUSÃO

Dos parâmetros acima enumerados, resulta claro que a construção de uma ETAR com recurso ao processo de fitotratamento é essencial e plenamente justificável para que este tipo de tratamento de águas residuais seja alargado a todas as pequenas e médias comunidades urbanas do país. Para além disso, esta alternativa de fitopurificação oferece uma melhor oportunidade, nomeadamente através da utilização racional de recursos hídricos não convencionais, assegurando simultaneamente níveis competitivos de desempenho de depuração a custos moderados.

O acompanhamento do desempenho depurativo deste piloto experimental numa região árida (Oásis de Brezina, na wilaya de El Bayadh), em parceria com a Universidade de Vertigo (Itália), revelou indicadores significativos do papel da combinação do complexo planta-areia-energia solar na eliminação de matérias indesejáveis e poluentes, tanto em termos físico-químicos como bacteriológicos.

Através deste projeto, que se inscreve no âmbito do MDL (Mecanismo de Desenvolvimento Limpo) iniciado pela Convenção de Quioto e aplicado a uma zona de oásis onde a disponibilidade de água é o principal fator limitativo do desenvolvimento, os resultados da redução da poluição das águas residuais através de processos simples e ecológicos contribuirão para a realização dos objectivos definidos na nova estratégia da água na Argélia desde 2005.

De facto, a implementação de um projeto-piloto de purificação natural da água em Brezina forneceria uma quantidade de água suficiente para permitir o crescimento de plantas florestais em grandes áreas, o que, em última análise, conduziria a benefícios sustentáveis como a redução da erosão eólica, a melhoria da fertilidade do solo e um aumento geral da biodiversidade do ecossistema.

Em termos económicos, a diversificação da produção forrageira, florestal e pecuária, bem como a criação de emprego, a produção de energia a partir da biomassa, a produção de créditos de emissão de carbono e outros produtos secundários, como os rendimentos provenientes de utilizações farmacológicas e cosméticas (por exemplo, óleos vegetais), etc., serão muito benéficos.

É importante sublinhar que este projeto já contribuiu para desencadear um debate frutuoso sobre as questões de saneamento ambiental ligadas à convenção sobre as alterações climáticas e o papel da investigação para o desenvolvimento das zonas áridas e dos ecossistemas degradados. O projeto constitui igualmente uma oportunidade para chamar a atenção das autoridades públicas responsáveis pela cooperação e pelo desenvolvimento sustentável na Argélia.

Quando nos propomos purificar a água, seja ela usada ou de nascente, a técnica ou o processo de purificação da água multiplica-se e diversifica-se, conduzindo sempre a um processo de purificação menos poluente que permite uma utilização adequada da água resultante.

Após um processo de purificação da água, podemos ficar com água totalmente potável, ou água para uso agrícola, ou água para uso doméstico. E tudo isto depende sobretudo da técnica adoptada, que requer as ferramentas e os meios adequados para o conseguir.

Na Argélia, as estações de tratamento de águas residuais não cumprem a norma de água potável, tendo em conta as técnicas e os recursos adoptados. A lagunagem natural é a técnica adoptada pelas actuais estações de tratamento de águas residuais, resultando em água para uso agrícola.

No estudo que realizámos, propusemos uma outra técnica de tratamento das águas residuais, a lagoa de macrófitas. Este processo ainda se enquadra no âmbito das técnicas utilizadas para o tratamento de águas para uso agrícola e doméstico, mas os resultados são mais prometedores.

É de salientar que a potabilidade ou usabilidade da água depende da pureza da água, que representa o nível de parâmetros físico-químicos e biológicos na água.

De facto, a análise dos valores dos parâmetros físico-químicos após a implementação do tratamento da lagoa de macrófitas mostra que esta técnica pode produzir uma água mais sã e mais pura do que a produzida pela técnica da lagoa natural, dado o menor nível de parâmetros físico-químicos na água, o que nos leva, no final deste estudo, a confirmar a nossa hipótese proposta na introdução.

Infelizmente, esta técnica de lagunagem de macrófitas não foi adoptada nas estações de tratamento de águas residuais argelinas, e podemos constatar que é uma boa forma de desenvolver a biomassa, devido à simplicidade dos meios e materiais necessários e, sobretudo, devido aos resultados que pode alcançar.

Solicitamos às autoridades competentes que tenham plenamente em conta esta técnica de lagunagem de macrófitas e que a adoptem nas actuais estações de tratamento de águas residuais, de modo a obter águas residuais de boa qualidade.

REFERÊNCIAS

[1] Mettahri, M.S. (2012). Eliminação simultânea da poluição por azoto e fosfato das águas residuais tratadas utilizando precedentes mistos. Caso do STEP da cidade de Tizi-Ouzou. [These de Doctorat]: agronomie, genie des processes. [Tizi Ouzou]: Universidade de mouloud Memmeri. 4; 21; 23; 24.

[2] Rodier, J. (2005). L'analyse de l'eau naturel, eau residuaire et l'eau de mer. Paris: Dunod.

[3] Crosclaude G. (1999). L'eau, toml : milieu naturel et maitrise et tome 2 : usage et polluants Versailles, INRA, (Paris).

[4] Maji solution 2020nh : Tratamento das lamas de depuração e das águas usadas, folhetos de apresentação, glossário da água e dos esgotos, Zerif Lite Desenvolvido por Themeles, 2020.

[5] Mathieu, C. e Pieltain, F. (2003) : Analyse chimique des sols methodes choisies. Edições Tec et Doc/Lavoisier, Paris.

[6] Abibsi Nadjet 2011: Reutilização de águas residuais através de filtros de plantas (fitodepuração) para irrigação de espaços verdes - aplicação a um bairro da cidade de Biskra

[7] Rejsek, F. (2002). Análise das águas; aspectos regulamentares e técnicos. Ed Canope CRDP de Bordeaux (França).

[8] Hamadou Hadjer 2019: Análise físico-química e bacteriológica das águas usadas de STEP Boumerdes (W. Boumerdes), Relatório de apoio.

[9] Elmund et al (1999). Comparação das populações de Escherichia coli, coliformes totais e coliformes fecais como indicadores da eficiência do tratamento de águas residuais. Water Environ. Res. 332-339.

[10] Barthe C., Perron J. et. Perron J.M.R. (1998). Guide d'interprétation des parametres microbiologiques d'interet dans le domaine de l'eau potable. Quebec.

[11] OMS (2000). Diretrizes para a qualidade da água potável; volume 2; critérios de higiene. Organização Mundial de Saúde, 2ª edição.

[12] Jornal Médico Suíço 2014 :

[13] Mentegut, 1987. O meio aquático e a flora. Tomo 1. Edição da Associação de Coordenação Técnica Agrícola (ACTA), ISBN-2-85794-061-0 Paris.

[14] Pronost J; Pronost R; Deplat L; Malrieu J e Berland J.M. 2002. Station d'epuration, dispositions constructives pour ameliorer leur fonctionnement et faciliter leur exploitation, documents techniques FNDAE N°22 bis, PDF, Page 73.

[15] Menard J.L, Coillard J., Lienard A., Chabenat A., 2005. Les influents peuvent charges en elevage du ruminons, procede de gestion et traitement valides pour une mise en conformite plus econome, collection synthese.

[16] Kirere Mathe, 2001. Cursos de assistência, de primeira graduação, secção de saúde comunitária. Instituto superior de técnicas médicas, Nyon Kunde.

[17] Dabouineau L., Yann, Philippe Collas, 2005. Fitorremediação ou fitorremediação ou utilização de plantas para a despoluição e purificação de águas residuais. U.C.O. Bretagne Nord a Guingamp, le role d'eau vol 124.

[18] Meliani H.A, 2006. O papel da vegetação no semi-árido do noroeste da Argélia. Mem. Magister. Mascara.

[19] Dornano M. e Mehignerie P., 1983. Lagunage naturel et lagunage aere procede d'épuration des petites collectives.3eme edition. Tours. França.

[20] Pascal Molle, 2003. Filtres plantees de roseaux, limite hydraulique et retention du

phosphore, Université du Montpellier 2, science et technique du Languedoc. Estes.

[21]Jund S., Paillard C., Andre P., Frossard B. C., 2000: Guide de gestion de la végétation des bords de cours d'eau, Rapport generale agence de l'eau Rhin-Meuse.

48

Anexo *1:* Cálculo das dimensões e do custo estimado de uma planta para a fitodepuração (Caso da comunidade de El KEURT - 2000 E.H)

I./ ANTECEDENTES DO PROJECTO

A estação de tratamento de águas residuais de El Keurt, objeto da presente contribuição, está sob a jurisdição administrativa da comuna de El Keurt (wilaya de Mascara). Geograficamente, está situada no noroeste da Argélia, entre 35° 07' e 35° 31' de latitude norte e entre 0° 0' e 0° 26' de longitude leste. Hidrograficamente, o local de estudo faz parte da bacia hidrográfica de Oued Maoussa, que desagua no Oued El Hammam.

A área de estudo abrange 10 ha de terreno plano a uma altitude média de 470 m. [3]Hidrogeologicamente, a planície contém um lençol freático com elevadas reservas mobilizáveis, estimadas em 61 Hm (Sourisseau, 1974). É limitada a norte pela estrada nacional RN7 e a oeste, este e sul pelos terrenos agrícolas da planície de Mascara (Fig. 33).

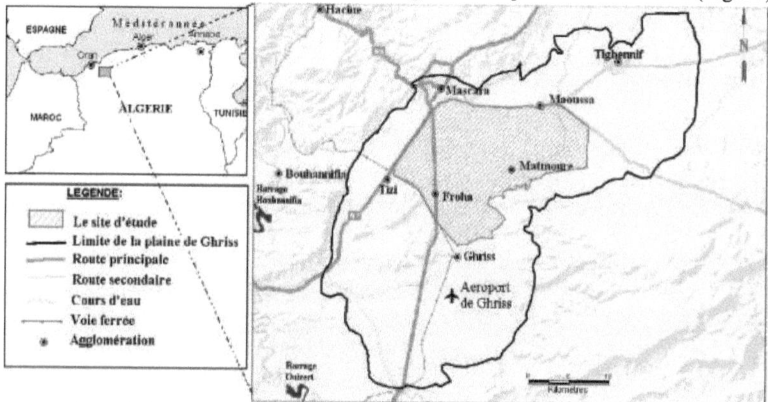

Figura 33- Mapa de localização da zona de estudo de El Keurt.

- **População**: De uma população municipal de 4.500 habitantes, a aglomeração tem uma população de 2.300 habitantes (estimativa 2021).
- **Instalações sociais** :
- Uma escola primária e uma escola secundária com um total de 714 alunos.
- Uma sala de tratamento, uma maternidade rural ;
- Hammam ;
- Um parque infantil,
- Uma mesquita
- Uma agência postal.
- **Redes de abastecimento de água potável :**
- Dotação: 120 l/d/capita.
- 01 Perfuração a 250 ml de profundidade (aquífero Ghriss).
- Caudal: 7 l/s.
- Estação de entrega.
- Reservatório e rede de distribuição com ligações individuais.
- Distribuição: 1 dia em 2;
- A rede de abastecimento de água é gerida pela ADE (Algérie des Eaux).

- Estimativa do caudal real atribuído: Qe.p = [(120 x 1800) x 0,7)] / 86400 = 1,75 l/s.
- **Sistema de esgotos e zona de descarga de águas residuais :**
- Sistema de esgotos combinado.
- Coletor de drenagem de 2 km.
- Pontos de descarga: Instalação de lagunagem natural.
- [2]O ponto de descarga, vedado pelo zimarman, tem uma superfície de 1.200 m ou 30 x 50 m.
- Gestão da rede de esgotos pela autarquia local.
- Caudal estimado a tratar: Q e.u = Q e.p x 0,6 = 1,05 l/s.
- **Terreno**: O terreno confina com a RN17A, uma propriedade do Estado.
- **Solo e declive**: solo muito bom para drenagem por gravidade.

Formação areno-siltosa. A jusante, uma atividade agrícola irrigada por poços (30 m de profundidade). Recentemente, as culturas, irrigadas com água usada, foram confiscadas e incineradas devido à contaminação por germes patogénicos, fonte de doenças de origem hídrica.

- **Atividade principal**: agricultura de montanha :
- Cultura de cereais: 107 ha;
- Viticultura: 63 Ha ;
- Arboricultura: 13 Ha ;
- **Descrição da instalação de lagunagem existente**

A estação de tratamento da lagoa *de El* Keurta foi construída em 2010 no âmbito do programa setorial de obras hidráulicas. Foi concebida para tratar as águas residuais domésticas da aglomeração de El Keurt. O acesso à estação faz-se pela RN17A, que liga Mascara a Bouhanifia (figs. 34, 35 e 36).

Figura 34 - Localização da lagoa de El Keurt

- **Descrição das instalações**

A estação de tratamento de águas residuais de El Keurt funciona com base num processo de lagunagem natural.

- **Bacia de depuração** (lagoas anaeróbias)

-Fluxo de água a tratar: Q-1500m3/d

[1]Constante de depuração a 20°c: K-0,10 CBO, afluente: 246mg/L

-Coeficiente de temperatura (constante): Z-1,06 A temperatura da água de alimentação no inverno é de 15°c -Tempo de permanência a 20°c T, -20 dias
-Comprimento L1= L2=125m, Largura 11-12=40m, Altura H=3 mL

Figura 35 - Tanque 01 (anaeróbio). Figura 36 - Bacia 02 (anaeróbia).

-Piscinas opcionais

Lagoas aeróbias (para maturação):
- Caudal de água a tratar: Q-1500m/
- A temperatura da água de alimentação no inverno é de 14°c
- Permanece a 20°C T, -7 dias
- Comprimento 11-12-115m,
- Largura 11-12-38m,
- Altura H= 1,2 m

II./ CÁLCULOS DE DIMENSIONAMENTO

11.1Topografia do sítio

a) **Nível de descarga desejado:** Na Argélia, as normas de descarga são estabelecidas no decreto de execução n.º 93-160, de 10 de julho de 1993, que fixa os valores-limite máximos dos parâmetros de descarga.

b) **Número de habitantes equivalentes (EH):** Para o município de El Keurt, consideramos que o número de *habitantes equivalentes (*EH) é de 2.000 EH, tendo em conta a sua população atual (estimada pela APC), à qual se juntam os fluxos escolares provenientes da zona rural que as escolas da cidade principal recebem diariamente.

c) **Denivelee:** Trata-se do gradiente hidráulico i, que corresponde ao declive da linha de água na cascalheira entre a entrada e a saída. A natureza do terreno que separa a zona urbanizada do local da central é da ordem dos 3%.

11.2Determinação do número de pisos

Lembrando que a determinação do número de fases e do tipo de fluxo (V e H), optámos por um diagrama clássico, que deu bons resultados noutros locais, num contexto mediterrânico.

Através desta estação-piloto em El KEURT, pretendemos estudar o seu funcionamento ao longo de vários anos com o objetivo de a adaptar melhor ao contexto local e regional. Foi selecionada uma estação de três (3) andares.

III. NOTA DE CÁLCULO

d) Débito :

O caudal foi determinado do seguinte modo:
- Caudal médio a tratar por habitante : $_m^3Q = 0,120$ x 0,7 = 0,084 m /d/EH);
- $_{Tm^3}$o caudal médio diário a tratar: Q = Q * p.e. = 0,084 x 1.800 = **151,2 m /d**;
- caudal instantâneo   Q! = (Q_T * 103) / 86400 = **1,75 l/s** ;

-    caudal de pico   : Qp= kc * Qi. Em que Kc = 3; Qp = **5,25 l/s**

b) Determinação do número de pisos

Tendo em conta que a determinação do número de fases e o tipo de caudal (V e H), optámos por um esquema clássico, que deu bons resultados noutros locais, num contexto mediterrânico. Através desta estação piloto de El KEURT, pretendemos estudar o seu funcionamento ao longo de vários anos com o objetivo de o adaptar melhor ao contexto local e regional. A título de lembrete, os desempenhos esperados deste sistema são os seguintes

- Piso vertical:
-    EEM   :80% ;
-    CBO5   :55% ;
-    CQO   :55% ;
-    N-NK   :30% ;
-    PT:10%.

- Pavimento horizontal:
-    MES   :20% ;
-    CBO5   :50% ;
-    COD   :50% ;
-    N-NK   : 20% ;
-    PT:50%.

Por conseguinte, foi selecionada uma estação de três (3) andares:
-    Uma primeira fase <u>horizontal</u> constituída por 3 bacias, que permite a eliminação da maior parte dos SST e de quase metade da CBO5 e da CQO, bem como o início da desnitrificação; plantada com phragmites.
-    Uma segunda fase <u>vertical</u> para completar a redução dos primeiros parâmetros e iniciar a eliminação dos fosfatos; phragmites + junco.
-    Um terceiro nível <u>vertical</u> para o polimento da água, constituído por 2 bacias separadas por um corredor, plantadas com diferentes tipos de macrófitas (fragmites, juncos, taboas, juncos, etc.).

Tendo em conta o número de estágios, a escolha do caudal (horizontal ou vertical) em função do desempenho exigido e a necessidade ou não de recirculação, é possível calcular a área de superfície de cada estágio.

[er]Por convenção empírica, deve saber que, num dia, a altura de água que pode passar por uma piscina no piso 1 é de *40 cm*.

Por isso :

$$^{er}\text{Sba 1 piso} = Q / 0,4 = 151,2/0,4 = 378 \text{ m}^2$$

[er]Assim, a área de superfície de todo o piso 1 é multiplicada (x) pelo número de piscinas.

Para três (3) bacias, a área de superfície é :

[erer]Piso S1 = Sba 1 * 3 = 378 x 3 = 1 134 m2

•   [eme]No piso 2, a altura de água que pode fluir para uma bacia num dia é de *um (1) metro*, *uma* vez que o efluente já foi filtrado. [emeeme]Assim, a área de superfície para o piso 2: Sba piso 2 = Q/1 = 151,2 m2

A superfície do 2.º andar é, portanto, duplicada porque existem duas (2) piscinas:

[emeeme]Piso S2 = Piso Sba 2 * 2 = 151,2 x 2 = 302,4 m2

•   [2]No caso do último andar (Horizontal), é preciso ter em conta que um habitante precisa de *2,8 m* para conseguir uma purificação correta. [eme] Para calcular a superfície do piso 3, é necessário calcular a superfície total (Stot):

$$\text{Stot} = 2,8 * \text{E.H} = 2,8 \times 1.800 = 5.040 \ m2$$

^{eme}Daí a área de superfície do piso 3:

$$\boxed{^{emeereme}\text{Piso S3} = \text{Stot} - (\text{piso S1} + \text{piso S2}) = 5\ 040 - (1\ 134 + 302,4) = 3\ 603,6 \ m2}$$

Uma vez conhecida a superfície total das bacias, é necessário adicionar a superfície das estruturas, tais como o crivo, as caixas de visita, as vedações e as diversas servidões, etc., o que nos leva a uma taxa de majoração de 100%, multiplicada por 2. Daí a superfície global da estação:

$$\boxed{\text{Superfície total da estação} = \text{Stot} *2 = 5\ 040 \times 2 = 10\ 080 \ m2, \text{ou seja, aproximadamente 1 Ha}}$$

Depois de ter obtido a superfície de toda a instalação, resta apenas elaborar um plano à escala com base num levantamento topográfico, para poder dispor os pavimentos, as bacias, os tanques de bachees, o degrilador,... etc.

Será efectuado um levantamento do solo (trado manual) e análises laboratoriais de várias amostras de solo para determinar a estrutura dominante e as medidas a implementar para garantir a estanquidade do local, em conformidade com a regulamentação. Uma análise geológica e hidrogeológica do local será útil para confirmar as medidas a considerar.

Número de portinholas por piso :

Nos níveis verticais, a água é enviada em pequenas quantidades, mas com uma carga elevada, de modo a poder ser distribuída por toda a superfície da bacia; é o chamado *"beaker delivery"*.

^{ereme}No piso 1, o nível de água desejado é de *2 cm* e no piso 2 é *de 3 cm.* ^{er}Este último, que é ligeiramente superior porque a passagem no piso 1 permite a infiltração dos efluentes, não será útil para a nossa fábrica.

É necessário saber o número de coberturas por piso para determinar o volume da estrutura e o seu custo de construção:

- Número de lonas no 1.º andar :

^{er}Bl = lâmina * piso Sba l

Bl = 0,02 * 1134

Bl= 23 caches

Com base nestes dados, o dimensionamento da ETAR de macrófitas do município de El Keurt pode ser estabelecido da seguinte forma:

IV./ESTIMATIVA DO PROJECTO

O ano de referência desta estimativa para o projeto de construção de uma estação de tratamento de águas residuais com uma capacidade média de 2000 Eq.Hab é 2022.

Os custos do estudo de conceção e de acompanhamento não estão incluídos, uma vez que se pressupõe que estes serviços são da responsabilidade da equipa de investigação, ligada ao laboratório da universidade.

Esta estimativa foi elaborada a título indicativo, sem impostos, para dar às colectividades locais uma ideia global dos recursos financeiros a mobilizar.

Quadro 12 - Custos de conceção e gestão do projeto

Designação	Unidade	Quantidade	P.U (em DA)	Montante antes de impostos (em DA)
1. Levantamento topográfico	U	1	200 000,00	100 000,00

2. Estudo geotécnico	U	1	200 000,00	100 000,00
3. APS-APD	u	1	1 500 000,00	600 000,00
4. Custos laboratoriais	и	1	200 000,00	200 000,00
5. Assistência técnica	и	1	1 200 000	1 000 000,00
TOTAL (2)	-	-	-	**2 000 000,00**

Quadro 13 - Custo dos trabalhos de construção

DESIGNAÇÃO	Unidade	Quantidade	P.U (DA)	Montante (DA)
1. Instalação e terraplanagem:				
- Decapagem do solo superficial	m^3	4 480,0	50,00	224 000,00
- Escavações de trincheiras/canais	ml	51,0	250,00	12 750,00
- Escavação das bacias	m^3	16 800,0	100,00	1 680 000,00
			S/TOTAL	**1 916 750,00**
2. Tubagem :				
- Tubos PVC-0 90	ml	210,5	450,00	94 725,00
- Tubos de PVC - 0 120	ml	101,9	650,00	66 235,00
- Apoios	U	36	250,00	9 000,00
			S/TOTAL	**169 960,00**
3. Estruturas e alvenarias :				
- Tambor manual	U	1	2 500,00	2 500,00
- Autoclismo automático - Etagel	U	1	15 000,00	15 000,00
- Cumprimentos	U	5	1 500,00	7 500,00
			S/TOTAL	**25 000,00**
4. Revestimento e vedantes :				
- Geotêxtil anti-poin^onnement....	m^2	6 687,8	150,00	1 003 170,00
- Geomembrana PE de 1 mm	m^2	6 687,8	250,00	1 671 950,00
- Materiais de drenagem, seixos 30/60...	m^3	426,0	300,00	127 800,00
- Materiais filtrantes, gravilha 4/12...	m^3	2 824,0	300,00	847 200,00
- Drenagem de estradas	ml	143,4	350,00	50 190,00
- Drenos de arejamento agrícola	ml	916,8	150,00	137 520,00
- Condutas de ventilação	ml	10,0	750,00	7 500,00
- Tampas de ventilação	U	10	250,00	2 500,00
- Placas de dissipação de energia...	U	24	100,00	2 400,00
- Placas divisórias para cacifos.	ml	44,7	300,00	13 410,00
			S/TOTAL	**3 863 640,00**
5. Equipamento diverso:				
- Encerramento	ml	736,0	500,00	368 000,00
- Porta de acesso	U	1	7 500,00	7 500,00
- Loja - loja	U	1	120 000,00	120 000,00
- Instalação de canas	m^3	20 160	25,00	504 000,00
- Substituição do solo superficial....	m^2	3 488,0	150,00	523 200,00
			S/TOTAL	**1 522 700,00**
TOTAL	-	-	-	**7 498 050,00**

O custo total de uma fábrica com uma capacidade de 2.000 equivalentes de população é estimado em cerca de 7.498.050,00 DZ-HT (sem impostos), ou seja, um custo específico de

4.165 DZ / equivalente de população.

A título de exemplo, uma estação de lagunagem natural, como a de El Keurt (a estação de referência), é avaliada em dez (10) vezes o custo. A este valor acrescem os custos de exploração (3 postos de trabalho permanentes) e os custos de manutenção correspondentes à limpeza periódica das lamas.

Figura 37- Esquema de uma instalação de fitodepuração

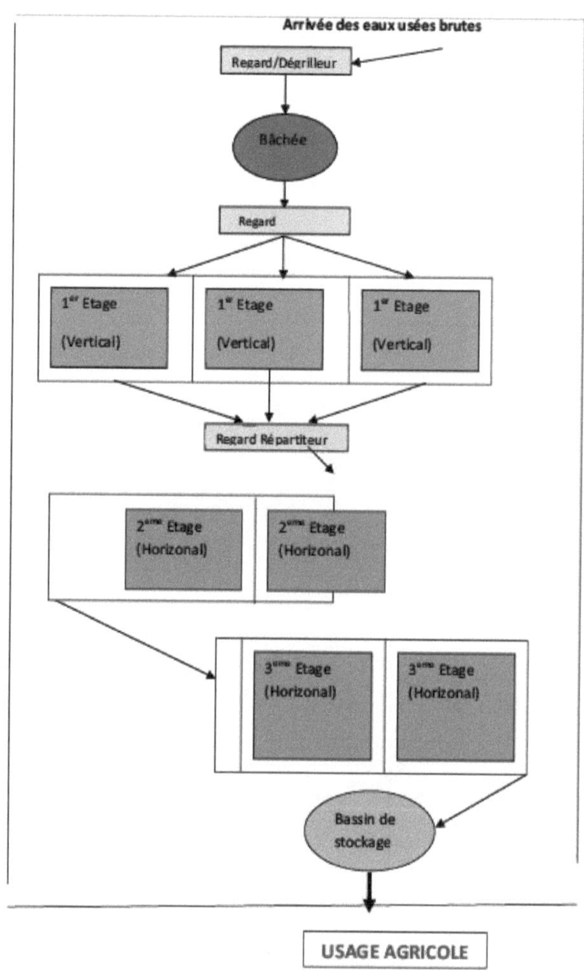

Apêndice 2:

Plantas aquáticas recomendadas

De tipo helófito (raízes na água, folhas aéreas). Trata-se de grandes plantas herbáceas de costa, tais como :

Caniço comum;

*Tupha latifolia (*marreta);

*Joncussp. (*Jones);

Junco do lago (scirpus lacustris);

Sparganiumsp. (árvore da fita).

Alisma plantago (aguapé);

Alopercurus geniculatus (erva-vulgar);

Carexsp. (Laiches);

Erva-de-fogo (*Epilobium sp.*);

Pseudacours Iris (Íris de água);

Lycopus europarus (licopus europeu);

Mentha aguatica (hortelã de água);

Myosotispalastris (miosótis do pântano);

Phalaris arundinacera (falso junco, baldingere).

Figura 38 - Typha latifolia

Plantas das margens dos charcos formando uma faixa, que substitui o Roseliere nas margens algo íngremes.

Figura 39 - Scripus palustris

Esta planta encontra-se principalmente nas margens dos lagos; só cresce em margens bastante planas e areno-argilosas. Pode também ser encontrada em pântanos e em todos os locais húmidos, mas com uma água superficial constante eutrófica.

Figura 40 - Juncus sp. Esta espécie é típica das marécas e dos prados mal drenados, e é muito resistente à seca estival.

Figura 41 - Arundo plinii

É uma das gramíneas aquáticas mais difundidas no mundo, muito resistente à seca nos períodos de escassez de água. No entanto, é sobretudo na cintura dos lagos que ela é mais dinâmica. dinâmica.

Poaceae: espécie ripícola, que cresce principalmente no sopé de margens sólidas ou em margens lamacentas, que pode aventurar-se em pântanos, mas está confinada a margens baixas e ligeiramente inundadas.

Figura 42 - Cyperus langus Figura 43 - Cyperus esculentus

Figura 44 - Rumex sp.

Espécie de gramínea típica das margens das águas, quer nas margens consolidadas, quer no lodo das lagoas.

Figura 45 - **Phragmites communis,** *uma* espécie utilizada para o tratamento de águas residuais

More
Books!

Printed by Books on Demand GmbH, Norderstedt / Germany